U0613084

鸿蒙移动应用软件开发

单 纯 主编

SPM 南方传媒 | 广东人民出版社

·广 州·

图书在版编目（CIP）数据

鸿蒙移动应用软件开发 / 单纯主编 . —广州：广东人民出版社，
2023.12（2024.11重印）
ISBN 978-7-218-17330-6

Ⅰ.①鸿…　Ⅱ.①单…　Ⅲ.①移动终端—应用程序—程序设计
Ⅳ.①TN929.53

中国国家版本馆CIP数据核字（2024）第002299号

Hongmeng Yidong Yingyong Ruanjian Kaifa
鸿 蒙 移 动 应 用 软 件 开 发
单　纯　主编

版权所有　翻印必究

出 版 人：肖风华

策划编辑：张　瑀
责任编辑：汪雪阳
责任技编：吴彦斌
装帧设计：奔流文化

出版发行：广东人民出版社
地　　址：广州市越秀区大沙头四马路10号（邮政编码：510199）
电　　话：（020）85716809（总编室）
传　　真：（020）83289585
网　　址：http://www.gdpph.com
印　　刷：广州小明数码印刷有限公司
开　　本：787毫米×1092毫米　1/16
印　　张：19.5　　字　　数：337千
版　　次：2023年12月第1版
印　　次：2024年11月第2次印刷
定　　价：58.00元

如发现印装质量问题，影响阅读，请与出版社（020-85716849）联系调换。
售书热线：（020）85716896

编委会

· · ·

主　编

单　纯

副主编

乐芷涵　刘洪铭　刘晓峰　崔豪政　刘炽辉　李冕杰

本书是一本介绍基于华为鸿蒙系统（HarmonyOS）的移动应用软件开发的书籍。在书中，我们将逐步探索华为技术有限公司自主研发的HarmonyOS，这是一个具有创新性和技术前瞻性的平台，是一个旨在连接和统一不同设备和应用程序的生态系统。

HarmonyOS的诞生是现代科技发展的一个重要里程碑，特别是在当前以"万物互联"为目标的物联网时代。随着智能设备的普及和高新技术的迅速发展，开发一个高效、可靠、安全的操作系统已成为当务之急。HarmonyOS不仅成功应对了这些挑战，还以一种创新的视角推动了智能设备生态系统的发展。

本书通过八章的内容，全面介绍了HarmonyOS的基础知识、技术特性、系统框架，以及在移动应用软件开发中的实践操作。从系统的基本介绍到具体的编程实践，都有利于帮助开发者们更好更快地掌握基于HarmonyOS的移动应用软件开发的核心要素和技巧。

本书的主要特色可概括如下：

1. 读者定位准确。

本书旨在满足从事物联网技术的开发者和教育工作者对HarmonyOS的学习需求。对初学者，书中提供了HarmonyOS的基础知识和入门指导，可帮助他们快速了解和入门。对有经验的专业人士，书中深入探讨了HarmonyOS的高级特性和开发技巧，可满足他们深入理解和提升技能的需求。这种全方位的内容覆盖，使得本书成为各级别开发者深入学习和研究HarmonyOS的重要资源。

2. 选题立意新颖。

HarmonyOS是华为技术有限公司开发的一款基于微内核，面向5G物联网和全场景的分布式操作系统。HarmonyOS还为基于安卓（Android）系统生态开发的应用程序能够平稳迁移做好了衔接，它将手机、电脑、平板电脑、电视、工业自动化控制、无人驾驶技术、车机、智能穿戴设备等统一成一个操作系统，面向下一代技术而设计，创造了一个虚拟的超级终端以实现"万物互联"的世界。同时，由于HarmonyOS微内核的代码量只有Linux宏内核的千分之一，因此其受到网络攻击的概率相较其他操作系统也将大幅降低。HarmonyOS将消费者在全场景生活中所能接触的多种智能终端打通互联，实现极速发现、极速连接、硬件互助、资源共享，用最合适的设备提供最佳的场景体验。

3. 针对性和实操性较强。

本书不仅讲解了HarmonyOS的理论基础，还提供了实践指导，内容涵盖了从基础知识到高级开发技巧的各个方面。这种理论与实践结合的内容设置，使得本书既适合于有一定基础知识的读者，也能满足希望深入了解和实践移动应用软件开发的高级开发者的需求。

通过对相关资料的收集与整理，我们特别强调了HarmonyOS的设计理念和未来前景，以及HarmonyOS在移动应用软件开发中的背景和意义。本书不仅是理论的阐述，更是实践的指南，旨在指导读者如何在HarmonyOS上构建高效、安全且具有吸引力的应用程序。我们期待国产软件行业能够通过不断创新和发展，在全球的移动应用软件开发行业中抢滩一席之地。

本书还深入探讨了移动应用软件开发的多个关键部分，包括数据存储、网络编程、应用安全、多媒体开发等，每一部分都配有详细的指导和实例。无论您是移动应用软件开发的新手，还是希望在HarmonyOS上扩展开发实践技能的专业工作者，本书都将是您不可或缺的资料。随着HarmonyOS的不断发展和成熟，我们相信它将为全球的开发者社区带来更多的机遇和挑战。

本书受到国家自然科学基金面上项目"基于迁移分割多模型决策的海洋水声信号识别及预测研究"（62273108）、国家科技部"国家重点研发工业互联网应用示范——子课题'智能网络运营与安全防护'"（2018YFB1802400）、人工智能与数字经济广东省实验室（广州）"基于光拟态计算芯片的人工智能算法系统"（PZL2022KF0006）、南方海洋科学与工程广东省实验室（珠海）创新团队"海洋信息感知与融合"（311021011）的资助。

广东技术师范大学的同事与学生，人工智能与数字经济广东省实验室（广州）的同仁，对本书的写作给予了大力支持，提供了多个具体的案例研究和项目实践。硕士研究生余渝、刘东平和黄小燕参与了本书的校对工作，并提出了很好的修改意见，其中第1章和第2章由余渝校对，第3章和第4章由刘东平校对，第5章和第6章由黄小燕校对。

最后，特别感谢广东人民出版社的编辑们为本书出版所付出的辛勤劳动。当然，由于作者学识有限，本书难免存在不足之处，恳请读者及时指出，以便我们在未来的版本中更正，联系邮箱为shanchun@gpnu.edu.cn。我们真诚地希望本书能够成为您在HarmonyOS开发旅程中的重要伴侣，帮助您解锁更多的可能性，创造出更加精彩的应用体验。

编　者

目录 ...
... CONTENTS

 HarmonyOS 基本介绍

第二章 移动应用软件的开发环境

第三章 **应用程序数据存储**

第四章 **网络编程**

第五章　应用程序安全

第六章　多媒体开发

第七章　开发与实践

第八章　项目实践

第一章

HarmonyOS
基本介绍

1.1 HarmonyOS概述

　　HarmonyOS（华为鸿蒙系统）是华为技术有限公司（简称"华为"）研发的新一代智能终端操作系统，该系统可以为不同设备的智能化、互联与协同提供统一的语言。HarmonyOS从最基础的软件底层技术开始，涉及人们日常生活中无处不在的各种电子设备，使它们融为一体，让多个设备不仅可以连在一起，还可以实现相互间的"交流互动"，即让用户可以在多个设备之间实现无缝切换和数据共享，就像使用一个设备那样简单，从而为用户带来更好的体验。

1.1.1　了解HarmonyOS

　　HarmonyOS是华为技术有限公司于2019年8月9日在东莞举办的华为开发者大会（HDC.2019）上正式发布的操作系统。

　　HarmonyOS是华为技术有限公司开发的一款基于微内核，耗时10年，投入4000多名研发人员，面向5G物联网和全场景的分布式操作系统。Harmony，意为和谐。HarmonyOS与Android（安卓）系统存在一些差异，不是Android系统的分支，也不是在Android系统的基础上修改而来，而是与Android系统、iOS不一样的操作系统，且在性能上不弱于iOS和Android系统。同时，HarmonyOS还为基于Android系统生态开发的应用程序能够平稳迁移到HarmonyOS上做好衔接，即将相关系统及应用程序迁移到HarmonyOS上，约两天就可完成迁移及部署。HarmonyOS将手机、电脑、平板电脑、电视、工业自动化控制、无人驾驶技术、车机、智能穿戴设备统一成一个操作系统，且该系统是面向下一代技术而设计的，能兼容Android系统全部应用程序和所有Web应用程序。若Android系统应用程序重新编译，在HarmonyOS上，其运行性能提升幅度将超过60%。HarmonyOS架构中的内核会把之前的Linux内核、HarmonyOS微内核与LiteOS合并为一个HarmonyOS微内核。HarmonyOS创造了一个以超级虚拟终端构建的互联世界，将人、设备、场景有机地联系在一起。同时由于HarmonyOS微内核的代码量只有Linux宏内核的千分之一，其受到网络攻击的概率也将大幅降低。HarmonyOS还将用户在全场景生活中接触的多种智能终端打通互联，实现极速发现、极速连接、硬件互助、资源共享，用最合适的设备提供最佳的场景体验。

HarmonyOS宣告问世，在全球引起巨大反响。人们普遍相信，这款中国电信巨头打造的操作系统在技术上是先进的，并逐渐建立起自己的生态成长力。它的诞生将拉开永久性改变操作系统全球格局的序幕。

1.1.2　HarmonyOS技术特性

HarmonyOS是一款面向万物互联时代的、全新的分布式操作系统。在传统的单设备系统能力基础上，HarmonyOS提出了基于同一套系统能力、适配多种终端形态的分布式理念，能够支持手机、平板电脑、智能穿戴设备、智慧屏、车机等多种终端设备，提供全场景业务能力，如移动办公、运动健康、社交通信、媒体娱乐等。

1.1.2.1　操作系统统一，弹性部署

HarmonyOS通过组件化和小型化等设计方法，支持多种终端设备按需弹性部署，能够适配不同类别的硬件资源和满足不同功能的需求。HarmonyOS通过编译链接的关系去自动生成组件化的依赖关系，形成组件树依赖图，支撑产品系统的便捷开发，降低硬件设备的开发门槛。

支持各组件（Component）的选择（组件可有可无）：根据硬件的形态和需求，可以选择所需的组件。

支持组件内功能集的配置（组件可大可小）：根据硬件的资源情况和功能需求，可以选择配置组件中的功能集。例如，选择配置图形框架组件中的部分控件。

支持组件间依赖的关联（平台可大可小）：根据编译链接的关系，可以自动生成组件化的依赖关系。例如，选择图形框架组件，将会自动选择依赖的图形引擎组件等。

在同一系统下，万物互联是HarmonyOS的主要特征。HarmonyOS是新一代的智能终端操作系统，为不同设备的智能化、互联与协同提供了统一的语言，带来简洁、流畅、连续、安全可靠的全场景交互体验，如图1-1所示。它颠覆了不同类型设备需要适配不同系统的现状，极大地方便了不同设备之间的互联互通。这意味着所有电子设备，从手机、平板电脑等，再到生活中伸手可见的家居电器，如：饮水机、热水壶、咖啡机等都是可以搭载HarmonyOS的。搭载HarmonyOS，可以实现人们所希望实现的功能，以满足人们的日常需求。

图1-1　HarmonyOS万物互联

1.1.2.2　硬件互助，资源共享

多种设备之间能够实现硬件互助、资源共享，依赖的关键技术包括分布式软总线、分布式设备虚拟化、分布式数据管理、分布式任务调度等。HarmonyOS的底层特性关系，如图1-2所示。HarmonyOS的底层特性主要分为四大部分：分布式软总线、分布式设备虚拟化、分布式数据管理和分布式任务调度。本节主要介绍最底层的分布式软总线。

分布式软总线构建了低时延、高带宽的本地多设备虚拟网络。分布式软总线是手机、平板电脑、智能穿戴设备、智慧屏、车机等分布式设备的通信基座，为设备之间的互联互通提供了统一的分布式通信能力，为设备之间的无感发现和零等待传输创造了条件。开发者只需聚焦业务逻辑的实现，无需关注组网方式与底层协议。典型的应用场景主要有以下两种：

（1）智能家居场景。在烹饪时，手机可以通过碰一碰来和相关烹饪设备连接，并将自动设置相关菜谱的烹调参数，从而控制烹饪设备制作菜肴。还有诸如料理机、油烟机、空气净化器、空调、灯、窗帘等都可以在手机端显示其运行情况并通过手机控制。设备之间即连即用，无需繁琐的配置。

（2）多屏联动课堂。教师通过智慧屏授课，与学生开展互动，营造课堂氛围；学生通过平板电脑完成课堂学习和随堂问答。统一的、全连接的逻辑网络确保了传输通道的低时延、高带宽、高可靠。

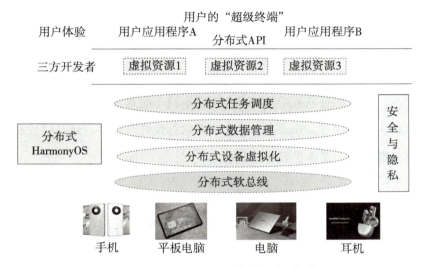

图1-2　HarmonyOS底层特性关系

计算机硬件系统也有总线，叫硬总线。HarmonyOS的软总线是参考计算机硬件开发出来的，通过计算机硬总线结构和HarmonyOS分布式软总线的比较，我们可以更容易深入地了解HarmonyOS分布式软总线结构，如图1-3和图1-4所示。

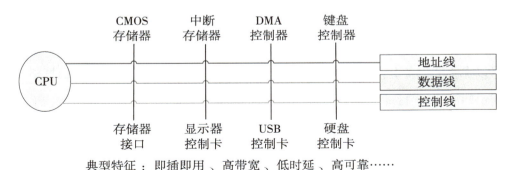

图1-3　计算机硬件总线结构

典型特征：自动发现、发现即可连接、安全性高、高带宽、低时延……

图1-4　HarmonyOS分布式软总线

两者结构非常相似，不同的是连接方式。计算机硬总线结构是通过实实在在的导线连接的，是真实存在的，而HarmonyOS分布式软总线是通过网络进行连接的，不是真实存在的。两者都是通过中央（如CPU或手机）向局部（如固化在主板的组件或单个电子设备）发送信息。HarmonyOS分布式软总线具有很多与计算机硬总线相似的优点，这对分散的电子设备很容易控制。

1.1.2.3　一次开发，多端部署

HarmonyOS所拥有的一次开发、多端部署的能力是指开发人员可以通过一套代码，在不同类型的设备上实现无缝部署，极大地简化了开发流程，提高了效率和用户体验。开发人员根据HarmonyOS的开发工具和框架，编写应用程序的代码。这些代码采用统一的API（应用程序接口）和界面规范，确保了HarmonyOS在不同设备上的一致性和兼容性。开发人员还可以根据设备类型和屏幕大小，调整应用程序的布局和界面，以适应不同的屏幕尺寸和设备特性。一旦应用程序开发完成，开发人员可以使用HarmonyOS的多端构建工具，将代码编译成不同设备平台所需的执行文件。这些平台可以包括手机、平板电脑、智能电视、智能手表等各种设备。编译后的文件可以在不同设备上直接安装和运行，无需额外的适配和修改。其中，UI框架支持使用ArkTS、JS、Java等语言进行开发，提供丰富的多态控件，可以在手机、平板电脑、智能穿戴设备、智慧屏、车机等多种终端设备上显示不同的UI效果。UI框架如图1-5所示。UI框架采用业界主流设计方式，提供多种响应式布局方案，支持栅格化布局，满足不同屏幕的界面适配需求。

这种一次开发、多端部署的方式能带来诸多好处。首先，开发人员无需为不同设备编写不同的代码，节省了大量的开发时间和精力。其次，应用程序的用户界面

和功能在不同设备上展现一致，提供了更加统一的用户体验。最后，开发人员可以更快速地响应新的设备类型和市场需求，从而加速应用程序的上线和更新。

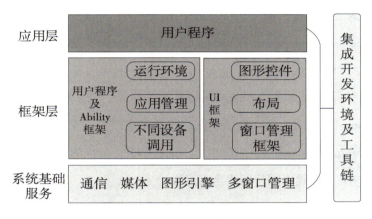

图1-5　UI框架

1.1.3　HarmonyOS系统框架

HarmonyOS系统框架是HarmonyOS的基础，它由多个子系统和组件组成，可以帮助应用程序和系统服务之间高效地交互和协作。下面将对HarmonyOS系统框架进行解释。

分布式虚拟化技术是HarmonyOS的核心技术，它能够在不同设备之间实现资源共享和计算协同。HarmonyOS将不同设备的计算能力和存储空间进行虚拟化，可以在不同设备之间灵活地调配资源，从而实现更加高效的协同计算和资源共享。此外，分布式虚拟化技术还能帮助HarmonyOS实现设备的分层架构，不同层级的设备可以根据各自的性能和能力来承担不同的任务和负载，使得整个系统更加高效和灵活。

分布式软件总线是HarmonyOS中的重要组成部分，它能够将不同设备之间的数据进行高效地传输和共享。分布式软件总线具有多种传输协议，包括网络传输协议、本地传输协议、内存传输协议等，能够满足不同场景下的数据传输需求。此外，分布式软件总线还提供高效的事件通知机制，能够及时地通知不同设备之间发生的事件，使得整个系统更加智能化，具有更强的响应性。

HarmonyOS提供了一套统一的开发框架，能够帮助开发人员快速地开发出适用于多种设备的应用程序。这个开发框架包括多种不同的组件和API，能够支持多种编程语言和开发环境。开发人员只需要编写一次代码，就能够将其应用于不同的设备，无需进行额外的设备适配。此外，HarmonyOS还提供了丰富的开发工具，包括集成开发环境（Integrated Development Environment，IDE）、调试器等，能够帮助开发人员更加高效地开发和调试应用程序。

安全和隐私保护一直是HarmonyOS的重要关注点。为了确保系统的安全性和隐私保护，HarmonyOS采用了多种技术手段，包括安全内核、安全芯片、可信执行环境（Trusted Execution Environment，TEE）、应用程序安全检测等技术。通过这些技术手段，HarmonyOS能够确保用户的安全与隐私。

分布式数据管理是HarmonyOS的另一个重要组成部分，它能够帮助应用程序高效地访问和管理分布在不同设备上的数据。HarmonyOS提供了一套分布式数据服务框架，能够支持多种数据存储方案和访问方式，包括分布式文件系统、分布式数据库、分布式缓存等。通过这些分布式数据服务，应用程序可以无缝地访问和管理不同设备上的数据，实现更加高效的数据共享和协同处理。

HarmonyOS支持不同设备之间的协作能力，可以通过设备之间的协作来实现更加丰富和高效的应用场景。例如，在一家餐厅中，服务员可以使用手持设备进行点菜，厨房中的设备可以自动接收订单并开始准备食物，而在客人的手机上，他们可以查看订单状态和菜品准备情况。这种设备协作能力可以让不同设备之间实现更加紧密的联系，使整个应用程序系统更加智能和高效。

HarmonyOS拥有强大的AI（人工智能）支持能力，能够实现更加智能和高效的应用场景。例如，通过语音识别技术，用户可以使用语音进行控制和操作；通过人脸识别技术，用户可以体验更加智能的人脸支付等功能。此外，HarmonyOS还支持机器学习和深度学习等技术，能够为应用程序提供更加高效和智能的决策支持。

总体来说，HarmonyOS系统框架是一个高度灵活、可扩展和高效的系统架构，能够支持多种不同设备和场景下的应用程序开发和运行。通过分布式虚拟化技术、分布式软件总线、统一的开发框架、安全与隐私保护、分布式数据管理、设备协作能力和强大的AI支持等技术手段，HarmonyOS能够实现设备之间的无缝连接和协同处理，为用户带来更加智能、高效、安全和便捷的应用体验。

1.2 HarmonyOS开发的背景和意义

1.2.1 伟大的里程碑：HarmonyOS的诞生

古人认为天地开辟之前是一团混沌的元气，这种自然的元气叫作鸿蒙。鸿蒙词意为"万物起源"，同时也寓意国产操作系统的开端。HarmonyOS迭代至今，已经发布了好几个版本，笔者将它的迭代顺序整理成时间轴，方便大家了解HarmonyOS的发展历程，如图1-6所示。

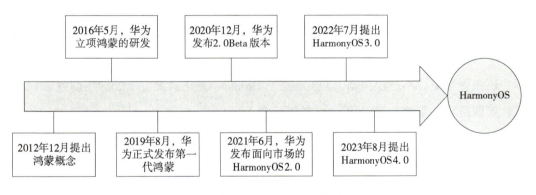

图1-6　华为HarmonyOS发展历程

第一阶段：准备阶段（2012—2016年）

HarmonyOS的前身是分布式操作系统。2012年，华为的中央软件研究院假想，如果Android系统不给我们用了怎么办？于是提出构建分布式操作系统的设想。此时，只是一个概念雏形，这个操作系统还不能称之为HarmonyOS，因为还未成型，只能称为分布式系统，也就是这个时候，HarmonyOS的前身——分布式操作系统开始孕育。

这个阶段，华为也是摸着石头过河。直到2016年，这个分布式操作系统的内核才终于完成。这个时候仍不能称为HarmonyOS，因为它只是一个内核，外围什么都没有。

第二阶段：正式立项阶段（2017—2018年）

2017年，尽管分布式内核已经完成，但是要完整地开发一款分布式操作系统仍然困难重重。不仅耗时、耗人、耗财，工程极大，而且这一自研分布式系统已经占用华为4000多人的研发团队，出于战略考虑，华为高层开始讨论自研这一个完整的分布式操作系统的可行性。

2018年，这个讨论接近尾声。2018年5月，华为创始人兼CEO任正非，在听取了高层业务汇报后，正式拍板决定："搞，一定要搞出一个操作系统来！"于是华为自研这个分布式操作系统正式立项，研发完整的分布式操作系统成为消费者BG（Business Group）的正式项目，这时这个分布式操作系统还没有名字。

第三阶段：正式诞生阶段（2019年）

2019年8月，完整版的分布式操作系统1.0对外发布，正式取名"鸿蒙"。HarmonyOS正式诞生。

这里有个小插曲，因为鸿蒙的中文名字已经被河北鸿蒙广告发展有限公司和北京海岸鸿蒙标准物质技术有限责任公司申请了，所以华为于2019年提出的中文鸿蒙商标，还在受理中。不过没关系，只要记住，HarmonyOS正式诞生于2019年即可。

第四阶段：正式开源阶段（2020年至今）

HarmonyOS诞生后，华为于2020年、2021年两次将HarmonyOS L0到L2层面的代码全部捐献给开放原子开源基金会，形成OpenHarmony项目，意为"开源鸿蒙"，HarmonyOS这才进入大众视野。

2020年9月，华为正式发布HarmonyOS 2.0，同时成立OpenHarmony安全委员会，并宣布OpenHarmony向智能手表、智能电视、车机等内存在128 KB—128 MB的设备开源。2020年12月底，HarmonyOS推出手机开发者Beta版。2021年4月，OpenHarmony向内存128 MB—4 GB的设备开源。2021年6月，支持手机的HarmonyOS 2.0正式来袭，同时HarmonyOS进入手机适配的浩大工程中。2021年10月，HarmonyOS 3.0开发者预览版发布，同时OpenHarmony向内存4 GB以上的设备开源。2022年7月，HarmonyOS 3.0正式发布。2023年8月，HarmonyOS 4.0正式发布。

至此，从内存在128 KB到4 GB及以上的设备皆可安装HarmonyOS。

1.2.2　历史的机遇：物联网时代

信息技术发展到今天，网络所连接的已经不再是人与人之间的交流，它在互联网的基础上逐步扩展到万物互联，这就是物联网时代。

当你骑着共享单车出行或开车通过ETC收费站时，你就在不知不觉中运用到物联网了。在物联网时代，小到纽扣钥匙，大到汽车房子，都会被植入芯片，拥有独一无二的IP。每个物品都可以被智能化地识别、定位、跟踪，届时我们只需要一部手机就能实现所有的物品连接。

2020年，我国物联网产业规模突破1.7万亿元。2022年，互联网数据中心IDC发布的《全球半年度物联网支出指南》表明，亚太地区物联网市场预计在2025年将达到4370亿美元，复合年增长率为12.1%。物联网行业目前处于朝阳期，是5G时代百万年薪出现率高的风口行业，呈现持续升温的模式，越来越多的企业开始布局物联网领域，试图占领市场的制高点，争夺人才。

2020年，"新基建"得到进一步发展，5G基站、工业互联网、数据中心等领域设施加快建设。物联网作为新型基础设施的重要组成部分，同样得到快速发展。随着物联网整个行业的高速增长，HarmonyOS可发展的空间将逐步扩大。

HarmonyOS是新一代的物联网超级终端生态系统，给不同设备的智能化、互联与协同提供了统一的语言，为政府、经济主体、用户带来简洁、连续、安全、可靠的全场景交互体验。

HarmonyOS是为物联网服务的操作系统，目标是实现万物互联和万物智能。HarmonyOS是华为开发的基于微内核的全场景分布式智慧操作系统。其重新定位人—设备—场景的关系，以人为中心，按场景把不同智能终端通过HarmonyOS的系统级原生能力组建成一个超级终端，为智能全场景带来不同的体验。

HarmonyOS致力于解决万物互联发展过程中的瓶颈问题。对用户而言，同一操作系统有助于解决用户大量智能终端体验割裂的问题，带来便利的全场景体验；对开发者而言，HarmonyOS通过多种分布式虚拟化技术，整合不同终端硬件能力，形成虚拟的超级终端，开发者可在该终端开发应用程序，不受硬件设备差异的影响。

相比于第一代，HarmonyOS 2.0全面升级了分布式能力等性能，包括分布式软总线、分布式数据管理、分布式安全机制等。同时，华为还发布了自适应的UX框架及可视可说的AI赋能。

1.2.2.1　分布式软总线

作为HarmonyOS的基座模块，在时延、吞吐和可靠三个方面，HarmonyOS 2.0均有提升，端到端时延约10 ms，达到2.4 Gbps的有效吞吐，抗丢包率达30%，性能直逼计算机硬总线能力，让多设备融合为一体，使设备之间不再受到物理空间上的限制。

1.2.2.2　分布式数据管理

HarmonyOS 2.0的分布式文件系统远程读写性能比Samba高4倍；分布式数据库OPS性能比Content Provider高1.3倍；分布式检索性能比iOS Core Spotlight高1.2倍。跨设备数据处理同本地一样方便。

1.2.2.3　分布式安全机制

HarmonyOS的分布式安全是一种综合性的安全机制，旨在保护设备、应用程序和数据的安全，确保在分布式环境下用户的隐私和机密信息得到充分的保护。这一安全机制体现在多个方面，如身份认证、数据加密、权限控制等，以下将详细介绍：

（1）身份认证和安全通信。

HarmonyOS通过身份认证和安全通信来确保不同设备之间的安全连接。它采用了基于身份的认证方式，确保只有合法设备和用户才能访问系统。此外，HarmonyOS还提供了安全通信协议，确保设备间通信的机密性和完整性。

（2）数据隐私保护。

HarmonyOS对个人隐私数据进行保护，确保敏感信息不被恶意应用程序或未授权的设备访问。通过权限控制，用户可以明确哪些应用程序可以访问他们的个人数据，从而有效防止隐私泄露。

（3）安全存储。

HarmonyOS支持数据加密，确保敏感数据在设备存储中得到加密保护。这可以防止物理设备被盗或遗失后敏感数据被窃取。

（4）应用程序安全。

HarmonyOS通过应用程序的权限控制和沙盒机制，确保应用程序在运行时不会对其他应用或系统造成安全威胁。应用程序只能访问其被授权的资源和功能，从而减少潜在的恶意行为。

（5）硬件安全。

HarmonyOS在硬件层面上提供了多种安全机制，如可信执行环境和硬件加密引擎，用于存储敏感信息和执行安全操作。这些硬件安全特性增强了系统整体的安全性。

（6）分布式安全管理。

在分布式环境中，HarmonyOS通过区块链技术实现设备身份的管理和认证，确保设备的真实性和合法性。每个设备都有一个唯一的标识，并且所有设备间的通信都经过加密和验证。

（7）漏洞修复和更新。

HarmonyOS定期发布安全更新，修复已知的漏洞和安全问题，确保系统的安全性始终可以得到维护。

总的来说，HarmonyOS的分布式安全机制在多个层面保护了用户隐私、设备和应用程序的安全。HarmonyOS通过身份认证、数据加密、权限控制、硬件安全等多种手段，在分布式环境下为用户提供可靠的安全保障。这种综合性的安全机制有助于建立一个安全可信赖的操作系统，满足用户对安全性的高要求。

1.2.3　HarmonyOS的设计理念

HarmonyOS的三个设计理念是One、Harmonious、Universe，其中"One"指的便是"万物归一"，一切设计回归人的原点。"Harmonious"这个词表示和谐、统一、协同工作。HarmonyOS致力于构建一个能够实现不同设备之间协同工作、统一体验的分布式操作系统，使得用户可以在各种设备上享受一致且和谐的使用体验。"Universe"体现了HarmonyOS致力于构建一个无缝连接、分布式协同的数字世界的愿景。在这个宇宙中，不同的设备、场景和用户可以自由地交互和通信，形成一个统一而开放的数字生态系统。这个理念强调了跨设备、跨场景的一体化体验，让用户能够在数字世界中畅行无阻，无论身处何地都能享受到一致的、智慧的使用体验。

HarmonyOS作为一种全新的分布式操作系统，融合了多个创新的设计理念，从不同角度出发，为用户带来了更流畅、高效、安全的体验。以下从多个角度介绍HarmonyOS的设计理念：

（1）统一操作系统。

HarmonyOS的核心设计理念之一是实现"一次开发，多端部署"。它支持不同设备类型之间的无缝交互，开发者只需编写一套代码，即可在智能手机、平板电脑、智能电视、智能手表等多种设备上运行，从而降低开发成本，提高开发效率。

（2）分布式架构。

HarmonyOS采用分布式架构，将不同设备连接在一起，构建起一个统一的、无缝衔接的生态系统。这种设计理念使得用户可以在不同设备上无缝切换任务和应用，提升了整体的使用体验。

（3）微内核架构。

HarmonyOS采用微内核架构，将操作系统内核中的核心功能和外部服务进行了分离。这种设计使得操作系统更加稳定和安全，同时也提高了操作系统的灵活性，允许不同的设备定制不同的外部服务。

（4）核心能力开放。

HarmonyOS通过开放多个核心能力，如分布式数据管理、分布式图形渲染、分布式通信能力等，为开发者和合作伙伴提供了强大的支持。这种设计理念鼓励创新，吸引了更多的开发者参与到鸿蒙生态体系中。

（5）动态编译技术。

HarmonyOS引入了动态编译技术，将应用程序的源代码在设备上实时编译成机器码运行，提升了应用程序的运行效率和响应速度。

（6）多设备无缝协同。

HarmonyOS支持多设备无缝协同工作，用户可以在不同设备之间共享任务、剪贴板内容、文件等。这种设计理念使得用户在不同设备间切换时，能够保持工作的连续性和一致性。

（7）设备独立性。

HarmonyOS设计时充分考虑了设备的不同特点和硬件资源，提供了一套通用的API，使得应用程序可以在不同设备上运行，同时也支持针对特定设备的定制开发。

（8）安全可信。

HarmonyOS注重安全性，采用了多种安全技术，如安全隔离、数据加密、安全认证等，保障用户数据和隐私的安全。同时，HarmonyOS提供了安全更新机制，及时修复系统漏洞。

（9）自适应界面。

HarmonyOS引入了自适应界面技术，根据不同设备的屏幕尺寸、分辨率和形态，自动调整应用程序的界面布局，提供更好的用户体验。

（10）用户体验至上。

HarmonyOS的设计理念以用户体验为中心，注重流畅度、响应速度和一致性。通过对用户需求的深刻理解，HarmonyOS致力于为用户提供更愉悦的使用体验。

综上所述，HarmonyOS是以统一操作系统、分布式架构、微内核架构、核心能力开放、动态编译技术、多设备无缝协同、设备独立性、安全可信、自适应界面和用户体验至上等多个设计理念为基础，为用户和开发者带来了前所未有的全新体验。这些设计理念共同构筑了HarmonyOS的核心价值，使其成为智能设备领域的重要创新之一。

1.2.4 HarmonyOS的未来

HarmonyOS未来的三大趋势已经明确，主要集中在开源、平台化和生态搭建三个方面，如图1-7所示。

HarmonyOS作为一款全新的分布式操作系统，已经在技术界引起了广泛关注。未来，HarmonyOS将朝着多个方向进行发展，

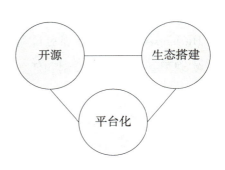

图1-7 HarmonyOS未来的三大趋势

以实现更广泛的应用和更强大的生态系统。HarmonyOS未来可能的发展方向主要有以下十种：

（1）设备生态扩展。

HarmonyOS将继续扩展支持的设备类型，涵盖智能手机、平板电脑、智能电视、智能手表、智能家居设备等多种终端设备。未来还可能会进一步支持更多的设备类型，以构建更全面的鸿蒙设备生态。

（2）跨设备体验。

HarmonyOS将继续提升跨设备体验。用户可以在不同设备之间实现无缝切换、继续任务、共享数据、同步状态，获得更连贯的体验。

（3）更强大的开发者支持。

HarmonyOS将进一步提供更强大的开发者支持，包括更丰富的开发工具、更完善的开发文档、更稳定的开发环境等。这将吸引更多的开发者参与鸿蒙生态体系建设。

（4）分布式应用生态。

HarmonyOS将鼓励开发者构建分布式应用生态，实现应用程序在不同设备上的协同工作。开发者可以充分利用HarmonyOS的分布式技术，为用户创造更加便利的应用体验。

（5）云服务融合。

HarmonyOS未来还可能进一步融合云服务，实现云端和终端的紧密连接。用户可以通过云服务在不同设备间同步数据、备份应用程序等，提升数据的可用性和安全性。

（6）自动化智能。

HarmonyOS可能会加强对自动化智能设备的支持，通过人工智能和机器学习技术，实现更智能的设备控制和任务管理。用户可以更便捷地与设备交互，享受更智能的生活。

（7）安全和隐私保护。

HarmonyOS将继续加强安全和隐私保护，提供更强大的安全机制和隐私控制。未来可能加强对设备数据的加密、权限管理等方面的支持，保障用户数据和隐私的安全。

（8）生态合作与创新。

HarmonyOS将继续与合作伙伴进行深入合作，构建更广泛、更开放的生态系统，可能会推出更多的开放平台、开发者支持计划，鼓励创新应用程序的涌现。

（9）全球拓展。

HarmonyOS将逐步拓展到全球市场，为更多国家和地区的用户提供服务。华为将不断与全球的运营商、制造商合作，推动HarmonyOS在全球范围的推广和应用。

（10）用户体验持续优化。

HarmonyOS将持续关注用户体验，通过优化性能、界面设计、交互方式等方面，不断提高用户的满意度。

综上所述，HarmonyOS的未来发展方向将涵盖设备生态扩展、跨设备体验、更强大的开发者支持、分布式应用生态、云服务融合、自动化智能、安全和隐私保护、生态合作与创新、全球拓展、用户体验持续优化等多个方面。HarmonyOS将以创新为驱动力，持续研发，为用户带来更智能、便捷、安全的数字化生活体验。

课后习题

一、选择题

1. 以下关于HarmonyOS的特征，叙述错误的是（　　）

    A．分布式架构首次用于终端OS，实现跨终端无缝协同体验

    B．搭载HarmonyOS的设备都是孤立的，它们在系统层面可以融为一体，成为"超级终端"

    C．跨设备调用功能的H5，能随心所欲调用不同设备的资源和服务

    D．HarmonyOS基于微内核架构，重塑终端设备可信安全

2. 华为正式发布HarmonyOS的时间是（　　）

    A．2018年8月　　　　　　　　　B．2017年2月

    C．2020年8月　　　　　　　　　D．2019年8月

3. 以下选项中，HarmonyOS不支持的开发语言是（　　）

    A．R　　　　　　B．C++　　　　　C．Java　　　　　D．Python

4. 以下关于HarmonyOS技术架构描述正确的是（　　）

    A．HarmonyOS采用分层架构，共四层，从下往上依次为内核层、系统服务层、框架层和应用层

    B．HarmonyOS采用单内核设计，支持针对不同资源受限设备，选用审核的OS内核为上层提供基础操作能力

    C．面向开发者，实现多次开发，终端部署

    D．内核抽象层是HarmonyOS的核心能力集合，系统服务层通过框架层对应用程序提供服务

5. "1+8+N"表示用一台设备作为主入口，来连接其他设备，完成人们的各项

需求，该设备指的是（　　　）

A．电脑 　　　　　　　　　　B．手机

C．平板电脑 　　　　　　　　D．智能电视

6．以下哪一项不是HarmonyOS的未来发展方向（　　　）

A．开源 　　　B．平台化 　　　C．生态搭建 　　　D．多内核

7．以下哪项不属于HarmonyOS的分布式管理（　　　）

A．分布式软总线 　　　　　　B．分布式设备虚拟化

C．分布式电子管理 　　　　　D．分布式任务调度

8．开发人员需要编写几次代码，才能够将其应用于不同的设备，并无需进行设备适配（　　　）

A．0 　　　　B．1 　　　　C．2 　　　　D．与设备次数一致

9．下列哪一项不属于HarmonyOS的分布式软总线的特点（　　　）

A．低带宽 　　　B．低时延 　　　C．高可靠 　　　D．自动发现

10．HarmonyOS 2.0版本可以在最小多大的RAM设备运行（　　　）

A．128 MB 　　B．128 KB 　　C．64 KB 　　D．64 MB

二、简答题

通过本章的学习，你对HarmonyOS有什么全新的认识？能否说出HarmonyOS与iOS、Android系统之间有什么区别呢？

第二章

移动应用软件的开发环境

2.1 安装环境要求与安装流程

HarmonyOS是华为技术有限公司自主研发的操作系统，旨在为不同场景下的设备提供一致的开发体验。如果要在HarmonyOS上开发移动应用程序，则需要进行以下的环境搭建。

2.1.1 安装Java SDK

鸿蒙应用程序开发需要使用Java编程语言，因此需要安装Java SDK，推荐使用Oracle JDK 8。

2.1.1.1 前提条件

（1）已开通日志服务。

更多信息，可参见开通日志服务。

（2）已创建并获取Access Key。

更多信息，可参见访问密钥。

（3）创建并使用RAM用户。

阿里云账号Access Key拥有所有API的访问权限，风险很高。需要创建并使用RAM用户进行API访问或日常运维。RAM用户需具备操作日志服务资源的权限。具体操作，可参见为RAM用户授权。

（4）已安装Java开发环境。

（5）日志服务Java SDK。

日志服务Java SDK支持JRE 6.0及以上的Java运行环境，可以执行java-version命令检查已安装的Java版本。如果未安装，可以从Java官方网站下载安装包，并完成安装。

2.1.1.2 安装Java SDK

通过以下三种方式可以安装日志服务Java SDK。

（1）在Maven项目中加入依赖项。

在Maven工程中使用日志服务Java SDK，只需在pom.xml中加入相应的依赖即可，Maven项目管理工具会自动下载相关JAR包。可以在MVN Repository中获取Maven项目，注入日志服务Java SDK依赖的准确版本。利用获取的日志服务Java SDK的最新版本进行调试，避免报错。

（2）在Eclipse项目中导入JAR包。以0.6.75版本为例，步骤如下：

①下载Java SDK开发包。

②在Eclipse中选择所需的工程，选择"File > Properties"。

③在Properties对话框，左侧单击"Java Build Path"。

④在Libraries页签中，单击"Add External JARs"。

⑤选中已下载的JAR文件，单击"打开"。

⑥单击"Apply and Close"。

（3）在IntelliJ IDEA项目中导入JAR包。以0.6.75版本为例，步骤如下：

①下载Java SDK开发包。

②在IntelliJ IDEA中选择所需的工程，选择"File > Project Structure"。

③在Project Structure对话框，左侧单击"Modules"。

④在Dependencies页签，选择"+ > JARs or directories"。

⑤在Attach Files or Directories对话框，选中已下载的JAR文件，单击"OK"。

2.1.2 下载HarmonyOS SDK

HarmonyOS SDK包括了开发HarmonyOS应用程序所需的各种工具和库，可以从官网（https://developer.huawei.com/consumer/cn）下载最新版的HarmonyOS SDK。

2.1.3 安装DevEco Studio

在HarmonyOS中安装DevEco Studio是为了进行HarmonyOS应用程序的开发和调试。DevEco Studio是华为技术有限公司提供的一款集成开发环境，用于开发HarmonyOS应用程序。可以从官网下载最新版的DevEco Studio。比如，在鸿蒙开发者网站（https://developer.harmonyos.com/cn/develop/deveco-studio）上找到适用于HarmonyOS的DevEco Studio安装包，并确保下载的版本与所需的HarmonyOS版本兼容。

DevEco Studio支持Windows和macOS系统，下面将针对两种操作系统的软件安装方式分别进行介绍。

2.1.3.1 Windows环境

（1）运行环境要求。

为了保证DevEco Studio正常运行，建议电脑配置满足如下要求：

①操作系统：Windows10/11 64位。

②内存：8 GB及以上。

③硬盘：100 GB及以上。

④分辨率：1280×800像素及以上。

（2）下载和安装DevEco Studio。

进入"HUAWEI DevEco Studio"产品页，单击下载列表右侧的按钮，即可下载"DevEco Studio"。

下载完成后，双击下载的"deveco-studio-xxxx.exe"，进入DevEco Studio安装向导。在如图2-1所示的界面选择安装路径，默认安装于"C:\Program Files"路径下，也可以单击"Browse..."指定其他安装路径，然后单击"Next"。

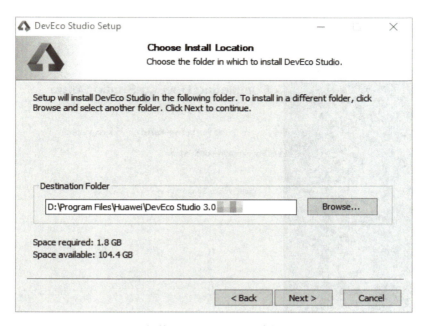

图2-1　安装DevEco Studio路径选择界面

在如图2-2所示的安装选项界面勾选"DevEco Studio"后，单击"Next"，直至安装完成。

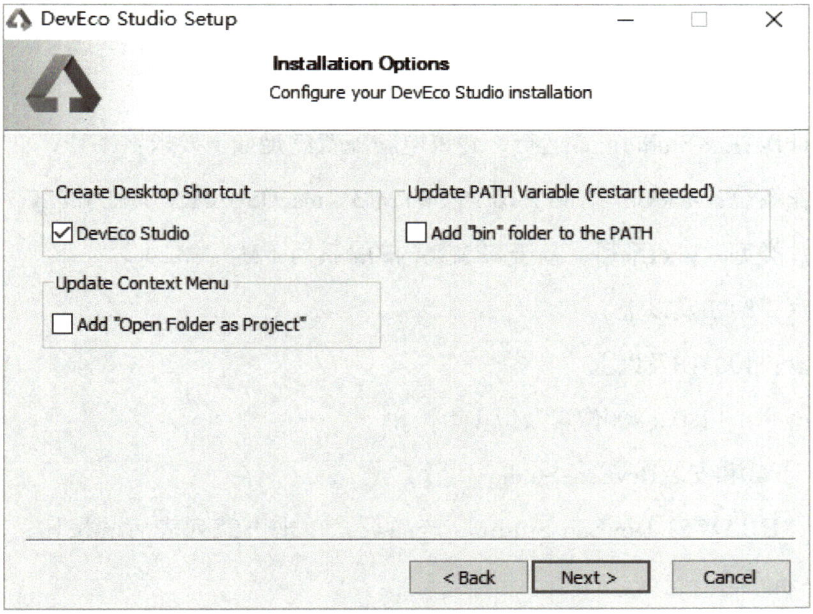

图2-2　安装DevEco Studio界面

安装完成后，单击"Finish"完成安装，如图2-3所示。

图2-3　DevEco Studio安装完成界面

2.1.3.2　macOS环境

（1）运行环境要求。

为保证DevEco Studio正常运行，建议电脑配置满足如下要求：

①操作系统：macOS（X86）10.15/11/12/13　macOS（ARM）11/12/13。

②芯片类型：Intel系列、基于ARM架构的M系列（M1、M2）。

③内存：8 GB及以上。

④硬盘：100 GB及以上。

⑤分辨率：1280×800像素及以上。

（2）下载和安装DevEco-Studio。

进入"HUAWEI DevEco Studio"产品页，单击下载列表后的按钮，即可下载"DevEco-Studio"。

下载完成后，双击下载的"deveco-studio-xxxx.dmg"软件包。

在安装界面中，如图2-4所示，将"DevEco-Studio.app"这一类长按且拖拽到

"Applications"中，等待安装完成。

图2-4　DevEco-Studio安装界面

2.1.4　配置SDK和NDK路径

在HarmonyOS中配置SDK（Software Development Kit）和NDK（Native Development Kit）路径是为了在开发过程中正确引用和使用相关的开发工具和库。在DevEco Studio中，需要配置SDK和NDK路径，以便于开发工具能够正确地调用相关的工具和库文件。可以在"设置"菜单中进行相关设置。

SDK是开发HarmonyOS应用程序所需的工具和资源集合。配置SDK路径需要确保指定正确的SDK安装路径。SDK路径的配置允许开发人员在开发过程中轻松地访问SDK中的开发工具、库和示例代码。NDK是用于开发HarmonyOS应用程序中的原生代码模块的工具集。配置NDK路径需要确保指定正确的NDK安装路径。NDK路径的配置允许开发人员在开发过程中引用NDK提供的编译器、工具和库。

2.1.4.1　配置环境变量

打开HarmonyOS终端或命令提示符，输入"vi~/.bashrc"命令来编辑环境变量文件。该命令将打开一个文本编辑器，用于编辑用户的bashrc文件（或者用户使用的其他shell的相应文件）。

2.1.4.2　添加SDK路径

在打开的文件中，移动光标到文件末尾，并添加以下行来配置SDK路径：export OHOS_SDK_HOME=/path/to/ohos-sdk。将"/path/to/ohos-sdk"替换为实际的SDK安装路径。

2.1.4.3　添加NDK路径

在文件的下一行，移动光标到文件末尾，并添加以下行来配置NDK路径：export OHOS_NDK_HOME=/path/to/ohos-ndk。将"/path/to/ohos-ndk"替换为实际的NDK安装路径。

2.1.4.4　最后保存并关闭文件

按下"Esc"键，然后输入":wq"，以保存文件并退出编辑器。

2.1.4.5　刷新环境变量

在终端中运行"source ~/.bashrc"命令，以使新的环境变量配置生效。这将重新加载bashrc文件，使配置的路径生效。

至此，已经成功配置了HarmonyOS的SDK和NDK路径。在这样的开发环境中，可以引用这些路径来编译、构建和运行HarmonyOS应用程序。在确保路径准确性的前提下，可以根据实际安装路径进行适当的更改。

完成以上环境搭建后，就可以在DevEco Studio中创建HarmonyOS应用项目进行开发。

需要注意的是，HarmonyOS目前还处于快速发展阶段，还在不断更新和改进，因此，在开发过程中需要关注最新的开发文档和更新说明，及时更新开发工具、SDK和NDK，以确保应用程序能够充分利用最新的技术和功能。

2.2　应用程序框架中的组件和服务

　　组件是构建页面的核心，每个组件通过对数据和方法的简单封装，实现独立的可视、可交互功能单元。组件之间既相互独立，随取随用，也可以在需求相同的地方重复使用。

　　开发者还可以通过组件间合理的搭配定义满足业务需求的新组件，减少开发量。应用程序的Ability（应用程序所具备能力的抽象）在屏幕上将显示一个用户界面，该界面用来显示所有可被用户查看和交互的内容。应用程序中所有的用户界面元素都是由组件和组件容器（Component Container）对象构成。组件是绘制在屏幕上的一个对象，用户能与之交互。组件容器是一个用于容纳其他组件和组件容器对象的容器。

　　Java UI框架提供了一部分组件和组件容器的具体子类，即创建用户界面（UI）的各类组件，包括：一是一些常用的组件，如（Text、Button、Image、List）；二是常用的布局，如线性布局（Directional Layout）、相对布局（Dependent Layout）。用户可通过组件进行交互操作，并获得响应。所有的UI操作都应该在主线程进行设置。

　　用户界面上可以看到的所有东西都是组件，比如Text、Image等。这些组件都是组件的派生类，它们都是Java预设的，我们可以给组件设置一个事件处理回调，这样就可以实现与用户的交互。

　　把组件根据一定的层级结构组合起来，就构成了布局。Java的标准布局都是组件容器的派生类，这些布局都是Java预设的，我们可以直接用，不需要我们自己定义。这个布局可以容纳所有的组件或者其他的布局，组件一定要放在布局里面才能够显示和交互，所以一个能显示的界面里一定是至少包含了一个布局的。这个布局既是抽象的，也是具体的，当把它理解为组件容器的时候它就是具体的，而把它理解为布局的时候它就是抽象的。

每一个呈现给用户的界面，都是可以用一个组件树来表现的。顶层是一个组件容器（也就是布局），然后这个容器可以容纳其他组件和其他布局，这个容器中的那些布局又可以容纳其他布局和组件。

当把组件放到布局容器里面的时候，是不能随便乱放的，因此就需要定义每一个组件的宽度和高度，该放在哪里，这些参数都是由布局配置来定义的。每一个组件容器都有它特定的布局属性，例如线性布局里面的组件是按照一定的方向顺序进行排列的；相对布局里面的组件都是相对于其他某个组件的位置进行放置，是在某个组件的上方，还是下方等。

布局容器是会影响当中组件的布局配置的。因为其中组件的布局配置，是由它的布局容器来提供的，例如，如果组件放在线性布局里面，那么组件的布局配置就是由Directional Layout.Layout Config这个类来提供的。

在Ability Slice中有其他方法可以不重写，但是必须重写on Start方法，因为我们要在on Start方法里面通过Content方法来为界面设置布局。这个布局既可以是一个xml格式文件，也可以是一个布局树中的根布局。在Java UI框架中提供了两种布局编写方式，一种是xml格式的方式，一种是通过代码的方式，这两种方式没有本质上的差别，xml格式更加清晰，代码方式更加灵活。

HarmonyOS、Android系统和iOS是三个主要的移动操作系统，它们在架构、生态系统、用户体验和定位等方面存在显著差异。

在架构和核心理念中，HarmonyOS设计为分布式操作系统，旨在实现全场景智能互联。它采用了微内核架构，强调可扩展性、安全性和流畅的跨设备体验。Android系统采用了Linux内核，具有开放性和自由度高的特点，同时强调丰富的应用生态和自定义性。iOS则基于Unix的Darwin内核，注重用户体验、性能和安全。iOS将硬件与操作系统高度整合，实现了流畅的性能和出色的生态系统。

在生态系统领域中，HarmonyOS建立了统一的分布式应用程序框架，支持多设备协同工作，实现应用程序的无缝切换和扩展。其生态系统在不同设备上提供了一致的应用程序体验。Android生态系统拥有广泛的应用商店和开发者社区，用户可以轻松获取各种应用程序，但由于设备厂商可以自由定制，存在碎片化问题，部分设备可能无法及时获得系统更新。iOS生态系统由苹果公司严格控制，应用程序严格审核，确保应用程序质量和安全。iOS封闭性的生态系统使得iOS设备的用户体验一致且稳定。

在用户体验方面，HarmonyOS注重"分布式"和"流畅"体验，支持跨设备的协同工作。用户可以在多个设备上无缝切换应用程序状态，提升了使用的便捷性。Android系统的用户界面和体验因厂商的不同而异，用户体验也可能因设备而异。但Android系统也提供了广泛的自定义性，用户可以按照个人喜好调整界面和设置。iOS强调一致的用户体验，封闭的生态系统确保了应用程序的优化和流畅性。iOS在硬件和软件的集成上投入了大量精力，为用户带来高质量的体验。

在定位和目标群体上，HarmonyOS的定位是实现全场景智能互联，通过分布式能力和协同工作，为不同设备提供一致的体验，适用于需要在多个设备之间无缝切换的场景。Android系统的开放性和广泛适用性使其在各种设备上都得到了应用，适用于从智能手机到智能电视、智能家居等多种场景。iOS在高端智能手机市场占有一席之地，注重性能和用户体验，针对注重品质和流畅性的用户。

总体来说，HarmonyOS、Android系统和iOS在架构、生态系统、用户体验和目标群体方面存在差异。选择哪个操作系统取决于用户的需求和个人偏好，以及设备厂商和开发者的战略定位。

课后习题

实践题

1. 尝试在自己的电脑里根据本章所学的内容进行环境配置。

2. 对这些功能进行试用。

第三章
应用程序数据存储

3.1 应用程序数据存储概述

随着互联网的快速发展，数据已成为数字经济时代的核心资源。应用程序数据存储作为数字化应用的重要组成部分，对支持应用程序的正常运行、用户数据的管理和分析、业务流程的优化等方面起着核心作用。因此，人工智能的发展依赖大数据，而数据的质量又决定着数字化的应用效果。

第一，应用程序数据存储为应用程序提供了大量的数据空间，计算机模型通过机器学习算法能够对相似特征的物体进行一些简单的分类和识别。因此，这些数据也被用于进行数据驱动和决策创新。人们通过对应用程序数据的收集、存储、处理和分析，设计出了基于神经网络的机器学习，推动应用程序开发者和企业获取更多有价值的信息，促进人工智能在计算机视觉、音视频系统集成、自动驾驶等方面的应用，从而为业务决策、产品改进、用户体验优化等方面提供数字化的支持和指导。

第二，在用户体验和个性化服务方面，应用程序数据存储可以帮助应用程序记录用户的个性化设置、偏好和历史访问等操作，通过大数据分析，应用程序可以推荐更多符合用户需求的偏好设置，为用户提供更好的使用体验和个性化服务。当然，这也需要合理利用应用程序数据存储技术，因为这涉及用户的个人隐私和敏感信息。由于用户的个人数据安全和隐私保护至关重要，一些关于隐私保护的关键技术应尽快提上研究日程。在数据安全得到保障的情况下，应用程序才可以根据用户的需求和行为进行智能推荐和个性化定制。另外，合理的应用程序数据存储设计可以保证用户数据的机密性、完整性和可用性，防止数据泄露、滥用和不当使用，确保用户数据得到妥善管理和保护。

第三，应用程序数据存储还可以帮助应用程序进行业务流程优化。通过对应用程序数据的分析和挖掘，应用程序开发者和企业可以从中发现业务流程中的瓶颈和问题，进而对业务流程进行优化和改进，提高业务效率和用户满意度。在复杂的应用场景中，应用程序的业务流程优化需要不同的应用程序与用户之间进行数据共享和协同处理。应用程序数据存储能够有效支持数据在不同应用程序之间的共享和协同处理，促进应用之间的数据集成和交互，将协同实现更高效、更有价值的应用程序集成。

第四，应用程序数据存储的性能对运行效率有着直接影响。应用程序数据存储不仅要实时处理所支持的应用程序，还需要对应用程序数据进行备份或恢复，保障应用程序的数据安全和可靠。当前研究探讨了如何在系统中对应用程序数据存储进行性能优化，包括数据存取速度、存储空间管理和缓存机制等方面，从而提升应用程序响应速度并实现可靠的数据备份和恢复机制。

第五，应用程序数据存储还涉及应用程序的设计、开发和运行。因此，相关的开发者工具和技术也是研究的重要方向。轻量化和高效的开发者工具和技术可以提升应用程序的质量和用户体验。

应用程序数据存储的主要特点如图3-1所示。

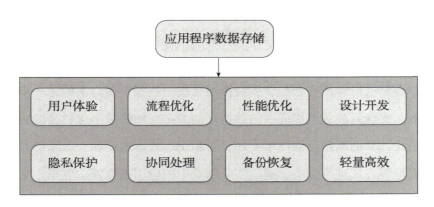

图3-1 应用程序数据存储的主要特点

综上所述，应用程序数据存储在数字化时代中发挥着不可或缺的重要作用。应用程序数据存储对于应用程序的设计、开发和运行都具有广泛的研究价值。为了推动数字生态系统的发展和应用程序的创新，应用程序开发者需要进一步拓展应用程序数据存储的研究，从而优化应用程序的功能和性能，帮助应用程序开发者更好地了解用户行为、需求和行业发展趋势。未来的研究方向主要集中在以下四个方面：

一是数据存储的可扩展性。现有的智能终端设备在应用场景中不断发展，数据存储需求也不断增加。未来将探究如何在系统中实现可扩展的数据存储方案。比如，我们时常遇到跨设备、跨平台的数据共享和协同处理，需要实现不同设备之间的数据同步、数据一致和版本管理，以满足不断增长的数据存储可扩展性的需求。

二是数据隐私安全的保护。由于用户对数据隐私安全的关注度不断提高，应用程序数据存储需要进一步探讨如何在系统中加强对数据隐私的保护，为区块链、加密算法、安全可验证等方面添砖加瓦，设计出更加高效和安全的数据隐私保护机制。

三是面向边缘计算的数据存储方案优化。边缘计算已经成为一种新兴的计算模式，将计算和数据处理推向了终端设备，但它也面临着存储资源有限、网络不稳定等挑战。未来的研究将集中在系统中优化面向边缘计算的数据存储方案，包括本地存储、边缘节点存储和分布式数据管理等。

四是数据存储与人工智能的融合。人工智能在智能终端设备上的应用越来越广泛，未来的研究将探讨在系统中实现数据存储的性能优化与人工智能的高效集成，从而在数据预处理、特征提取、模型训练等方面实现突破，更好地满足各种复杂应用场景下人工智能在智能终端设备上的应用。

因此，未来在系统中应用程序数据存储方面的研究将面临许多机遇和挑战，应用程序数据存储的持续研究和创新，将推动系统中数据存储方案的进一步发展，实现更加高效、安全且具备可扩展性的数据存储方案，加快数字化社会的建设。本书将在面向边缘计算的数据存储技术方面，对系统中的本地存储、边缘节点存储和分布式数据管理等方式进行分析，通过实际场景中的应用案例评估效果，为相关领域的研究和应用提供新的思路和方向。

3.2 应用程序数据存储的特点

在HarmonyOS中，应用程序数据存储是应用程序与系统交互的重要部分，为应用程序提供了数据的存储、管理和访问等功能。

3.2.1 应用程序数据存储技术的特点

首先，HarmonyOS引入了分布式文件系统，将不同设备上的文件资源进行统一管理和访问，根据应用程序数据存储技术的特点，设计了HarmonyOS应用程序数据设计架构的原则，如图3-2所示。

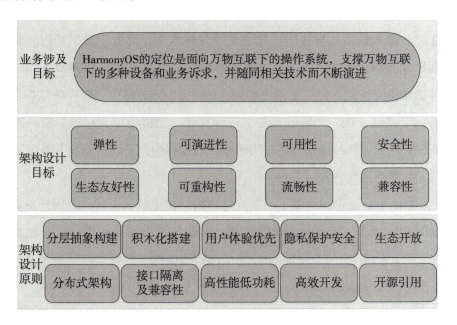

| 业务涉及目标 | HarmonyOS的定位是面向万物互联下的操作系统，支撑万物互联下的多种设备和业务诉求，并随同相关技术而不断演进 |

| 架构设计目标 | 弹性 | 可演进性 | 可用性 | 安全性 |
| | 生态友好性 | 可重构性 | 流畅性 | 兼容性 |

| 架构设计原则 | 分层抽象构建 | 积木化搭建 | 用户体验优先 | 隐私保护安全 | 生态开放 |
| | 分布式架构 | 接口隔离及兼容性 | 高性能低功耗 | 高效开发 | 开源引用 |

图3-2　HarmonyOS应用程序数据设计架构原则

应用程序可以通过HarmonyOS分布式文件系统访问搭载HarmonyOS的设备上的文件资源，包括本地存储、云端存储和其他设备的存储等。首先，HarmonyOS分布式文件系统提供了文件操作的统一接口和权限管理，实现了数据在不同设备之间的无缝传输和共享。其次，HarmonyOS支持多种数据库技术，包括分布式数据库、关系型数据库和非关系型数据库等。这些数据库技术可以用于应用程序的数据存储和管理，支持数据的查询、插入、更新和删除等操作。再次，HarmonyOS数据库技术还提供了高效的数据存储和访问能力，支持应用程序对大量数据的处理和分析。从次，HarmonyOS注重数据的安全和隐私保护，提供了多层次的安全机制和隐私保护措施，包括数据加密、权限管理、身份认证和数据传输的安全保护等。HarmonyOS通过数据安全机制的设计和实现，保障了用户的数据安全和隐私，同时也为应用程序的使用提供了安全的数据存储环境。最后，HarmonyOS通过分布式数据通信技术，利用设备之间点对点通信、订阅和广播等模式，实现了设备之间的数据传输和共享。这是一种灵活、高效的数据通信方式，能够充分利用设备之间的网络连接，加强设备间的数据共享和协同操作。

为了提高应用程序的运行性能和效率，HarmonyOS采用了一系列优化数据存储和访问的机制。例如，HarmonyOS采用了数据缓存和预加载技术，提高了数据的访问速度；在异步输入输出（异步IO）和批量操作技术中，降低了数据访问的延迟；设计了数据压缩和编码技术，减小了数据的存储空间。这些优化措施提高了应用程序的数据存储和访问性能，提高了用户体验；HarmonyOS还将应用程序的数据存储在不同的设备、节点或云端，实现数据的共享和同步，使得应用程序可以在不同设备之间无缝流转。同时，HarmonyOS在应用程序流转过程中具有及时备份与恢复数据的机制，保障了数据的一致性和可靠性。

综上所述，HarmonyOS提供了一系列的数据管理接口和工具，方便开发者进行分布式数据管理和操作。但开发者也需要通过实际场景中的应用案例、对比实验的方法以及合适的评估指标，对在HarmonyOS中面向边缘计算的数据存储技术进行评估和分析。

HarmonyOS作为一种面向物联网的操作系统，支持实际场景中多种设备的连接和管理，涉及智能家居、城市交通、工业自动化等领域。以智能交通系统为例，当涉及大量车辆、交通管理和道路信息等数据时，HarmonyOS可以对其进行高效的存储和处理，以实现实时的交通流量分析、交通安全预警和交通管理决策。

3.2.2 应用程序数据存储技术的隐私保护

HarmonyOS在对实际场景分析和评估的同时，能够注意保护用户隐私，完成本地数据处理和边缘智能决策。交通管理部门可利用HarmonyOS中的边缘节点存储和处理车辆数据，掌握实时的交通监测和安全预警。同样，在工业自动化应用中，生产线上的传感器数据和设备状态数据可以在HarmonyOS的边缘节点上进行协同处理，实时生成监控画面，远程诊断设备故障，加速本地数据处理等。

在这些场景中，HarmonyOS中的面向边缘计算的数据存储技术均可以通过本地存储、本地处理和边缘智能决策等方式，提升数据处理效率和性能。这是一种实际场景中应用的面向边缘计算的数据存储技术，可以有效地满足不同应用领域中对数据存储的需求，提高系统的效率，并保障数据的安全和隐私。

HarmonyOS中的数据隐私保护方法和分布式数据管理技术也可以应用在上述这些应用场景中，从而确保用户的传感器数据和设备信息得到合法合规的处理。在一个基于物联网的智能家居设备管理系统中，不同的设备（如智能门锁、智能灯具和智能家电等）都可以通过HarmonyOS进行连接和管理，实现不同设备之间的数据共享和协同处理，提供更便利的用户体验。但目前用户安全和隐私问题也越发严重。比如，在一家企业内部办公，虽然通过HarmonyOS的分布式数据管理技术，员工可以实现文件协同编辑、会议协作、多人日程安排等更便利的办公方式，但是一些数据泄露也正在悄然发生。

综合而言，虽然HarmonyOS在不同领域和场景中展现出极大的应用潜力，但分布式数据管理技术在实际应用中是要根据不同业务场景和需求来进行灵活的选择和应用的，同时还需要注重数据安全等问题。因此，开发者只有从用户体验、业务效果、数据安全等多个领域解决数据存储方式的问题和不足，才能为HarmonyOS的应用和推广提供有力的支持和指导。

3.3 应用程序数据存储的实现方式

　　HarmonyOS的变量声明只能包含数字、字母、下画线以及$符号；不能以数字开头，只允许以字母、下画线、$符号开头；同一个名字的变量在相同作用域中只能声明一次。HarmonyOS的数据类型可以分为以下三种，如图3-3所示。

　　（1）number：数字、二进制、八进制、十进制、十六进制。

　　（2）string、boolean。

　　（3）数组、元组、any。

图3-3　HarmonyOS的数据类型

　　ArkTS是HarmonyOS优选的主力应用程序开发语言。它作为华为技术有限公司自研的开发语言，基于JS/TS构建，兼容JS/TS语言生态，匹配了ArkUI框架，扩展了声明式UI、状态管理等相应能力，同时它的语言简洁使得数据存储更加高效。

　　以下是变量声明和数据类型的介绍。

```
@Entry@Component
struct Index {

        _name$123  string                    //名字：数据类型 = 值
        //name$123 : string ="123"           //名字：数据类型
        count1 : number = 0b110011           //二进制
        count2 : number = 0o12345670         //八进制
```

```
        count3 : number = 1234567890              //十进制
        count4 : number = 0x0123456789abcdef       //十六进制
  name1 : string="Harmonyos学习666"                //双引号、单引号均可
        name2 : string ='^HA^开发'
        stateON : boolean = true                   //布尔型true、false
        stateOFF : boolean = false
  names : string[] = ['json','123',"小鸿"]          //数组
        counts : numberl] = [5,0b01,0xa2,123]
        person : [string,number,number] = [小鸿,20,180]       //元组
        data : any = 123                           //任意类型
        build(){
        }
  }
```

3.3.1 数据存储技术和方法

HarmonyOS是一种基于微内核的全场景分布式操作系统，它提供了多种应用程序数据存储的实现方式，包括以下几种技术：

3.3.1.1 数据缓存存储

数据缓存存储是一种常见的性能优化策略，是指将部分数据暂时存储在边缘设备的本地存储空间中，减少了应用程序在访问数据时对底层存储设备的访问次数，降低对网络的依赖，从而提高数据访问速度。在系统中，应用程序可采用多种方式进行数据缓存，将频繁访问的数据缓存到内存或磁盘中，以减少对数据存储的实际访问次数，从而加速数据的读取和写入操作。典型的应用程序是将数据存储在本地缓存库中或者设备的临时文件中，包括内存缓存、磁盘缓存等，提供了一系列边缘计算场景中的快速数据访问。HarmonyOS的轻量级数据存储适用于对Key-Value结构的数据进行存取和持久化操作，保存应用程序的一些常用配置信息，并不适合需要

存储大量数据和频繁改变数据的场景。需要注意的是，应用程序访问的实例包含文件的所有数据，这些数据会一直加载在设备的内存中，直到应用程序主动从内存中将其移除前，应用程序可以通过Preferences的API进行数据操作。应用程序获取某个轻量级存储对象后，该存储对象中的数据将会被缓存在内存中，以便应用程序获得更快的数据存取速度。应用程序也可以将缓存的数据再次写回文本文件中进行持久化存储，由于文件读写将产生不可避免的系统资源开销，建议应用程序减少对持久化文件的读写频率。

3.3.1.2　本地文件存储

本地文件存储是一种常见的数据存储方法，存储方式简单、高效，适合存储一些临时数据、配置信息和用户偏好，通常在一些计算机硬盘和移动设备的本地文件中使用，同时也加载在内存中的，所以访问速度更快、效率更高。应用程序将数据存储在本地文件系统中，用于管理文件和目录，常见的本地数据存储格式有FAT、EXT4，这种形式可以使用文件系统的API访问和管理存储的数据。在面向边缘计算场景中，将采用特定的文件系统来满足边缘设备的存储需求。例如，F2FS（Flash-friendly File System）是一种面向闪存设备的文件系统，它具有高性能和低功耗的特点，适用于边缘设备中的存储需求。

HarmonyOS数据存储使用场景很多，通常用于存储一些键值信息，其中数据存储需要先导入import storage from '@system.storage'。storage.get读取存储的内容；storage.set修改存储的内容；storage.clear清空存储的内容；storage.delete删除存储的内容。这比数据库使用起来更方便、更轻量。

3.3.1.3　数据库存储

HarmonyOS支持多种数据库。常见的数据库管理系统包括MySQL、SQLite、PostgreSQL和Oracle。其中，HarmonyOS关系型数据库基于SQLite组件提供了一套完整的对本地数据库进行管理的机制，对外提供了一系列的增、删、改、查接口，也可以直接运行用户输入的SQL语句来满足复杂的场景需要。HarmonyOS提供的关系型数据库功能更加完善，查询效率更高。需要注意的是，轻量级偏好数据库不宜存储大量数据，经常用于操作键值对形式数据的场景。在HarmonyOS中采用了较小的存储占用和计算开销的数据库技术，使用的共享内存默认大小是2 MB，数据库中连接池的最大数量有4个，用于管理用户的读写操作。为保证数据的准确性，数据库同一时间只能支持一个读写操作。这样的数据库通常具有更广泛的应用，创建在关系模型基础上的数据库，以行和列的形式存储数据，它拥有简单的数据结构和查询功能，适用于边缘计算场景中的小规模应用，用于存储边缘计算场景中的应用程序数据。

3.3.1.4　云端存储

云端存储（简称"云存储"）是指将数据存储在云端服务器上，通过网络进行读写操作。例如，Amazon S3、Microsoft Azure和Google Cloud等。HarmonyOS具有云服务、分布式数据管理框架等，支持开发者将应用程序数据存储在云端服务器上。这种方式提供了丰富的云端服务能力，既能够实现数据共享，又能够在不同设备之间切换和同步，为应用程序提供可扩展的、高可用性的存储空间，便于用户在不同终端设备上访问和管理数据。

3.3.1.5　分布式存储

应用程序数据存储的选择取决于应用程序的要求和特定的使用场景。当需要存储大量数据或需要高可用性的应用程序时，可选择使用分布式存储技术。分布式存储是指将数据存储在多个不同的计算机上，解决了资源有限、网络环境不稳定、计算能力有限等问题，提高了应用程序数据存储的可扩展性和容错性。

HarmonyOS的分布式数据对象是一个JS对象型的封装。每一个分布式数据对象实例会创建一个内存数据库中的数据表，每个应用程序创建的内存数据库相互隔离，若数据库关闭，则数据不会保留。对分布式数据对象的"读取"或"赋值"会自动映射到对应数据库的"get"或"put"操作。

分布式数据对象实现了对"变量"的"全局"访问，向应用程序开发者提供内存对象的创建、查询、删除、修改、订阅等基本数据对象的管理能力，同时具备分布式能力，还为开发者在分布式应用场景下提供简单易用的JS接口，轻松实现多设备间同应用程序的数据协同，同时设备间可以监测对象的状态和数据变更，满足超级终端场景下，相同应用程序在多设备间的数据对象协同需求。与传统方式相比，分布式数据对象大大减少了开发者的工作量。

应用程序如需使用分布式数据服务完整功能，则需要申请"ohos.permission.DISTRIBUTED_DATASYNC"权限。分布式数据服务的数据模型仅支持KV（Key-Value）数据模型，以键值对的形式进行组织、索引和存储，不支持外键、触发器等关系型数据库中的技术点。

由于支持的存储类型不完全相同等原因，分布式数据服务无法完全代替业务沙箱内数据库数据的存储功能，开发人员需要确定要做分布式同步的数据，把这些数据保存到分布式数据服务中。当前分布式数据服务不支持应用程序自定义冲突解决策略。

随着技术的发展和商业环境的变化，数据处理和分析逐渐崭露头角，在这个新的范式中，数据不再只是被存储和检索，而是被视为一种潜在的信息源，可以揭示趋势、风险和方向。数据处理和分析方法强调的是从大量数据中提取有用信息的过程。这包括使用各种技术和工具来清理、转换、整理和分析数据，以便得出有意义的结论和支持决策。

3.3.1.6 预处理分析

HarmonyOS采用了多种方式对数据进行预处理操作，这包括了从多个来源汇集数据、清理数据和预处理数据，应用统计方法和机器学习算法进行预测和决策支持。通常在数据清洗和转换、数据归一化并经过系统分析优化后，能够减少数据处理过程中的错误和噪声，提高数据处理的准确性和效率。此外，应用程序还可以利用数据分析优化工具，如并行计算、分布式计算等，对大规模数据进行高效处理和分析，从而加速数据分析过程。

3.3.1.7 数据压缩和编码优化

数据压缩和编码优化是一种节省存储空间和数据传输成本性能的优化策略。应用程序可以采用数据压缩和优化技术，减少存储和传输数据的大小和传输量，提高数据处理和传输的效率。如哈夫曼编码（Huffman Coding）、串表压缩算法（Lempel-

Ziv-Welch Encoding，简称LZW算法）。应用程序还可以利用网络传输优化工具，如数据去重、数据采样、数据聚合、分段传输和断点续传等技术，对数据传输进行优化，提高数据传输的稳定性和速度。在HarmonyOS中，这些数据压缩和优化技术应用于边缘计算场景中的数据存储，实现了更高效的数据管理和存储。

对于大规模数据存储和处理的应用程序，将数据分片或分区优化也是一种值得考虑的性能优化策略。应用程序可以将数据分成多个小块，分别存储在不同的存储节点上，并利用数据分片或分区优化技术进行数据的并行处理和查询。这将显著提高大规模数据存储和处理的效率，减少数据访问的延迟。此外，数据安全和权限管理在HarmonyOS中也是至关重要的。正如前文所述，应用程序可使用加密技术、访问控制和权限管理等方式来保护数据的隐私和安全。

总的来说，面向边缘计算的数据存储方法在HarmonyOS中应该考虑轻量级数据库、文件系统、本地缓存、数据压缩和优化、数据备份和恢复、数据安全与权限管理等技术，以满足边缘计算场景中的数据存储需求。这些方法可以提供高效的数据管理和存储性能，从而支持HarmonyOS中应用程序的数据存储和处理需求。

3.3.2　数据隐私保护方法

在HarmonyOS中，保护应用程序数据的隐私也是一个重要的研究方向。随着移动应用程序的普及和数据的不断增加，用户的个人信息和敏感数据在应用程序中的存储和处理变得尤为关键。以下是一些常见的数据隐私保护方法，在HarmonyOS中被广泛应用。

3.3.2.1　加密技术

加密技术是通过对数据进行加密处理，使得未经授权的用户无法访问数据内容的数据隐私保护方法，常常应用在HarmonyOS的软件层，保护应用程序数据的机密性。加密技术在HarmonyOS中，有对称加密和非对称加密两种方式。对称加密是一种使用相同的密钥对数据进行加密和解密的方式，嵌入对称加密算法，如高级加密标准（Advanced Encryption Standard，AES），对应用程序数据进行加密保护，加密解密过程简单且速度较快。非对称加密则是一种使用公钥和私钥配对的方式对数据进行加密和解密的方式，使用非对称加密算法，如公开密钥加密算法（Rivest-Shamir-Adleman，RSA），保障应用程序数据在存储、传输和处理过程中的安全性。

此外，也有一些加密技术使用安全散列算法（Secure Hash Algorithm，SHA，又称哈希算法）对应用程序数据进行摘要处理，生成固定长度的摘要值，用于校验数据完整性和真实性，从而保护应用程序数据的完整性。

3.3.2.2　权限管理

权限管理是一种授权机制访问的权限管理方法，当权限等级不足时，系统会限制应用程序对用户数据的访问。尤其是HarmonyOS提供了严格的权限管理机制，应用程序只有通过请求用户授权的方式，才能获取对特定数据的访问权限。比如，应用程序在访问用户的通讯录、相册、位置等敏感数据时，均需要先请求用户的授权，并且用户可以选择授权或拒绝。系统通过权限管理，可以有效控制应用程序对用户数据的访问内容进行修改，从而保护用户的隐私。

3.3.2.3　数据脱敏与日志管理

数据脱敏是一种将敏感数据转化为不具有直接识别意义的数据形式方法，有效地保护用户在HarmonyOS中的应用程序数据隐私。尤其是在对用户的姓名、手机号码等敏感数据进行处理时，数据脱敏技术可以将其转化为随机生成的代替值，从而减少数据泄露的风险。另外，日志管理是一种记录应用程序对数据的访问情况的管理方法。在HarmonyOS中，数据访问日志管理技术记录了应用程序对数据的访问操作，可以追溯数据访问行为并进行监控。记录的数据包括访问时间、访问者身份和访问数据等信息，使系统实现了对数据访问行为的监控和审计，及时发现异常行为并采取相应措施，保护应用程序数据的隐私和安全。

3.3.2.4　安全协议与备份

在HarmonyOS中，使用安全协议或传输加密技术是保护应用程序数据隐私的一种常见方法，能够有效防止数据在传输过程中被窃取或篡改。数据备份与恢复则能够保护应用程序数据的完整性和可靠性。在HarmonyOS中将应用程序数据进行定期云备份，开启自动保存的功能，并在需要时进行恢复，能够保护数据免受丢失、损坏或攻击的风险。

综上所述，HarmonyOS中应用程序数据隐私保护涵盖多个领域，包括加密技术、权限管理、数据脱敏、数据访问日志管理、数据备份与恢复，以及安全协议和传输加密等。这些方法都可以有效保护应用程序数据的隐私性和完整性，从而提升HarmonyOS中应用程序数据存储的安全性。

3.3.3　分布式数据管理方法

分布式数据管理是指在HarmonyOS中，将应用程序数据存储在多个节点上，并通过协同处理和一致性保障等技术实现数据的共享和管理。分布式设备虚拟化平台可以实现不同设备的资源融合、设备管理、数据处理，多种设备共同形成一个虚拟的超级终端。

分布式数据管理的基础是分布式软总线。分布式软总线示意图如图3-4所示。HarmonyOS分布式软总线的核心是蓝牙、Wi-Fi等近场通信构建的局域网，它是手机、平板电脑、智能穿戴设备、智慧屏、车机等分布式设备的通信基座，为设备之间的互联互通提供了统一的分布式通信能力，为设备之间的无感发现和零等待传输创造了条件。开发者只需聚焦于业务逻辑的实现，无需关注组网方式与底层协议。HarmonyOS分布式软总线不仅提出了自动查找设备，附近同账号的设

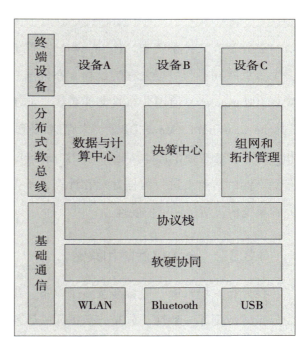

图3-4　分布式软总线示意图

备可实现自动发现并安全连接，无需用户等待，还提出了异构网络组网，自动构建

一个逻辑全连接网络，以解决设备间不同协议交互的问题。

分布式任务调度基于分布式软总线、分布式数据管理、分布式文件等技术特性，构建统一的分布式服务管理（如发现、同步、注册、调用等）机制，支持对跨设备的应用进行远程启动、远程调用、远程连接及迁移等操作，能够根据不同设备的能力、位置、业务运行状态、资源使用情况，以及用户的习惯和意图，选择合适的设备运行分布式任务。

因此，针对不同类型的任务，HarmonyOS需要为用户匹配并选择能力合适的执行硬件，充分发挥不同设备的能力优势，如显示能力、摄像能力、音频能力、交互能力及传感器能力等。用户数据不再与单一物理设备绑定，业务逻辑与数据存储分离，跨设备的数据处理如同本地数据处理一样方便快捷，让开发者能够轻松地实现全场景、多设备下的数据存储、共享和访问，为打造一致的、流畅的用户体验创造基础条件。以下是一些常见的分布式数据管理方法：

3.3.3.1 数据共享与协同处理

在分布式文件系统中，HarmonyOS完善了多种方式实现数据共享、协同处理的多个节点共同参与数据处理的过程，在数据共享平台实现了多节点间的分布式数据处理。HarmonyOS使用分布式文件系统（如 HDFS、Ceph等）或分布式数据库（如Apache Cassandra、MongoDB等）来存储和管理应用程序数据，从而实现数据的共享和访问。在这些分布式计算框架上（如Apache Spark、Apache Flink等），计算任务分布到不同的节点上进行数据处理和计算，不仅能提高数据处理的速度和效率，还能完善系统的灵活性和可扩展性。

3.3.3.2 一致性保障和策略

在分布式场景中一般会涉及多个设备，组网内设备之间看到的数据是否一致称为分布式数据库一致性。分布式数据库一致性可以分为强一致性、弱一致性和最终一致性。在分布式文件系统中，一致性保障是确保不同节点上数据保持一致性的关键技术，在HarmonyOS中实现分布式数据管理需要考虑数据的同步，可以通过使用分布式数据库（如Google Spanner、TiDB等）或分布式一致性算法（如Paxos、Raft

等）来保障数据在多个节点间的一致性。控制不同节点上数据一致性的策略有强一致性模型、弱一致性模型和最终一致性模型。强一致性模型，是指某一设备成功增、删、改数据后，组网内设备对该数据的读取操作都将得到更新后的值。弱一致性模型，是指某一设备成功增、删、改数据后，组网内设备可能读取到本次更新数据，也可能读取不到，不能保证在多长时间后每个设备的数据一定是一致的。最终一致性模型，是指某一设备成功增、删、改数据后，组网内设备可能读取不到本次更新数据，但在某个时间窗口之后组网内设备的数据能够达到一致状态。强一致性对分布式数据的管理要求非常高，在服务器的分布式场景中可能会遇到。因为移动终端设备的不常在线和无中心的特性，分布式数据服务不支持强一致性，只支持最终一致性，所以需要根据应用程序需求和性能做出合理的选择，控制数据的一致性级别。

3.3.3.3　负载均衡与容灾备份

负载均衡是指将系统的负载（如数据处理、存储等）均匀地分布到不同节点上，从而保持系统的稳定性和高效性。负载均衡算法会根据节点的负载情况动态地将数据请求分配到不同节点上，优化数据管理，提高整体系统的性能和稳定性。在信息技术领域，容灾备份是安全计划的一部分，与业务连续性计划一起制定。容灾备份指的是策略和流程，重点保护组织或企业避免遭到负面事件（如设备或建筑物故障、网络攻击或自然灾害）的重大影响。

容灾备份是设计战略的基本要素，可帮助企业快速还原硬件、应用程序和数据以实现业务连续性。有时也被视为业务连续性的子集。设计恰当的容灾备份计划务必要准备深度业务影响和风险评估分析。这些工作有助于确定支持组织重要业务活动的特定信息技术服务。

灾难恢复措施可分为预防措施、纠正措施、检测措施三类。合理的灾难恢复计划有助于实现业务连续性，还可以帮助设定恢复时间目标和恢复点目标。即使在最恶劣的情况下也可以做到业务连续。企业还应定期进行检查和演练，以确保所有部门及整个企业都落实了有效的灾难恢复措施。

总的来说，分布式数据管理在HarmonyOS中可以通过数据共享与协同处理、一致性保障和策略、负载均衡与容灾备份等技术来实现。这些方法可以使HarmonyOS中的应用程序实现高效、安全、可靠的数据管理，提升系统的性能和可扩展性。然而，目前在HarmonyOS中应用程序数据存储的分布式管理还存在一些不足之处，如数据一致性和性能优化方面仍然面临挑战，需要进一步的研究和探索。

3.3.4 数据管理和分析工具

为了支持应用程序开发者更加方便地对数据进行管理、查询、分析和可视化等操作，HarmonyOS提供了一系列的数据库管理工具及分析接口，可用于帮助应用程序开发者进行数据库的创建、管理和维护等研发工作。这些工具有着丰富的数据库管理界面、数据库设计工具、数据库连接器，也为HarmonyOS的分布式数据库提供了丰富的管理工具，像数据库管理控制台、数据表管理工具、索引管理工具等。它们能够支持复杂的数据查询和分析操作，在聚合查询、多表连接、统计分析中帮助开发者高效管理和操作数据库。

3.3.4.1 数据可视化

HarmonyOS中的图形框架Harmony Graphic提供了丰富的图形绘制接口和图表绘制库，是一款面向带屏设备界面开发的框架，可运行于LiteOS/Linux/Windows等操作系统之上。UIKit包括组件、动画、布局、2D变换、2D图形库、多语言、图像解码库、渲染多后端、事件和渲染引擎10个子模块；支持Bezier、EaseInBack、EaseOutBack和EaseInOutBack等19种动画曲线，同时支持开发者设置自己的动画曲线；支持相对布局、百分比布局和简单的弹性布局，通过3阶矩阵变换实现图片和组件级别的缩放、旋转和平移；在轻量设备上提供高效2D图形绘制能力，支持直线、弧、圆、矩形、三角形、贝塞尔曲线等基础绘制；可以帮助开发者创建各种类型的图表，如柱状图、折线图、饼图等，从而直观地展示应用程序数据的分析结果；支持抗锯齿，针对每一绘制算法做特有的优化，以达到软件绘制最优性能。除了提供基础的UI组件外，Harmony Graphic还提供独立的图形引擎，适用于基于Arm Cortex-M的MCU和低内存资源的Arm Cortex-A芯片之上，目前轻设备图形框架已实现47种语言的显示、换行和整形。

3.3.4.2　数据处理

HarmonyOS中还提供了数据处理工具，应用程序可以通过"Context.getD-istributedDir()"接口获取属于自己的分布式目录，然后通过"libc"或"JDK"接口，在该目录下创建、删除、读写文件或目录，例如：

在设备1上的应用程序A创建文件"hello.txt"，并写入内容"Hello World"。

```java
Context context;
... // context初始化
File distDir = context.getDistributedDir();
String filePath = distDir + File.separator + "hello.txt";
FileWriter fileWriter = new FileWriter(filePath, true);
fileWriter.write("Hello World");
fileWriter.close();
```

在设备2上的应用程序A通过"Context.getDistributedDir()"接口获取分布式目录。在设备2上的应用程序A读取文件"hello.txt"。

```java
FileReader fileReader = new FileReader(filePath);
char[] buffer = new char[1024];
fileReader.read(buffer);
fileReader.close();
System.out.println(buffer);
```

HarmonyOS中的分布式数据处理引擎HarmonyData提供了丰富的数据处理接口和算法库，支持数据清洗、数据转换、数据计算等操作，可以帮助开发者对应用程序数据进行灵活的处理和转换。

3.3.4.3　数据安全

数据安全的重要性不言而喻，为此，HarmonyOS提供了一系列的数据安全机制，用于保护应用程序数据的安全和隐私。通常在构建索引或者发起搜索前，索引源应用程序必须先设置索引属性，并且必须将一个索引域（有且仅有一个）设置为主键，主键索引域不能分词，索引和搜索都会使用到索引属性。索引源应用程序的数据发生变动时，开发者应同步通过融合搜索索引接口更新索引，以保证索引和应用程序原始数据的一致性。批量创建、更新、删除索引时，应控制单次待索引内容的大小，建议分批创建索引，防止内存溢出。

分页搜索和分组搜索应控制每页返回结果数量，防止内存溢出。构建和搜索本机索引时，应该使用提供的SearchParameter.DEFAULT_GROUP作为群组ID，分布式索引使用通过账号模块获取的群组ID。搜索时需要先创建搜索会话，并务必在搜索结束时关闭搜索会话，释放内存资源。使用融合搜索服务接口时需要在"config.json"配置文件中添加"ohos.permission.ACCESS_SEARCH_SERVICE"权限。搜索时SearchParamter.DEVICE_ID_LIST必须与创建索引时的device ID一致。

除了上面的安全机制，还有一些安全工具，如数据加密工具、数据权限管理工具、数据脱敏工具等。HarmonyOS中的数据加密模块提供了强大的加密算法和密钥管理功能，可以对敏感数据进行加密保护，帮助开发者在应用程序中实现数据的安全存储和传输。

3.3.4.4 数据备份和恢复

数据备份和恢复也是数据管理的核心环节。HarmonyOS也注重数据安全和隐私保护，并提供了相应的数据加密、权限管理、备份和恢复等多种方式，保护应用程序数据的安全和隐私。简而言之，备份和恢复之间的主要区别在于，前者是在数据库出现故障时可使用的原始数据的副本，而恢复是指在发生故障后将数据库还原到正确（原始）状态的过程。

备份指的是数据的代表性副本，包括数据库的基本元素，如数据文件和控制文件。无法预料的数据库故障在所难免，因此务必要备份整个数据库。备份主要有以下两种：

（1）物理备份。

物理备份是数据库文件实物的副本，如数据、控制文件、日志文件和已归档的重做日志等。它是将数据库信息存储在其他位置的文件的副本，构成数据库恢复机制的基础。

（2）逻辑备份。

逻辑备份包含从数据库中提取的逻辑数据（由表、流程、视图和函数等构成）。但是，不建议单独保留逻辑备份，一方面，因为它只提供结构信息，用处不大。另一方面，发生故障时，恢复可将数据库还原到正确状态。它将数据库恢复到突发故障后的一致状态，因此提高了数据库的可靠性。

基本上完全可使用基于日志的恢复来还原数据库。日志是包含事务记录的记录序列。所有事务的日志如存储在稳定的存储中，则可在发生故障后恢复数据库。它包含待执行事务、事务状态和修改值的相关信息。这些信息统一按执行顺序存储。

 3.4　应用程序数据存储面临的问题

随着HarmonyOS在移动设备、智能家居、物联网等领域的广泛应用，应用程序数据存储也面临了一些挑战和问题，主要包括数据隐私保护、性能优化、数据共享和开放标准与安全等方面。常见应用程序数据存储面临的问题如图3-5所示。

图3-5　常见应用程序数据存储的问题

3.4.1　应用程序数据存储面临问题的具体表现

3.4.1.1　数据隐私保护

在传统系统方案中，一些应用程序涉及用户的个人信息和敏感数据时，用户可以通过限制其访问权限减少隐私泄露。但是，有一些应用程序强行要求获取访问数据权限，否则就限制用户对应用程序的使用。针对一些已经获取到的用户的隐私安全问题，开发者需要迫切地提出一个解决方案。因此，HarmonyOS需要在设计和实现应用程序数据存储技术时，考虑用户数据的合法合规收集、存储、传输和使用，采取必要的安全措施，如数据加密、权限管理、访问控制等，确保用户的数据隐私得到有效保护。

3.4.1.2 性能优化

随着应用程序的愈加复杂和数据量的增加，数据存储和访问的性能也面临着一定的挑战。数据访问的延迟、数据存储的空间占用、数据缓存和预加载的效果等都需要进行优化。应用程序通过优化数据存储、访问的算法和数据结构，减少数据存储和传输的资源消耗，提高数据访问的响应速度和效率，使用缓存、预加载和数据压缩等技术对应用程序数据的生命周期进行有效管理和优化，以提高应用程序的响应速度和用户体验。多设备的协同工作和数据共享所导致的数据冗余会大大降低其性能。因此，作为一个重要的应用场景，不同设备之间的数据格式、协议、传输方式等存在差异，导致了数据共享的复杂性。HarmonyOS需要提供标准化的数据共享接口和协议，使不同设备间可以方便地共享和传输数据，促进应用程序的跨设备协同工作。

3.4.1.3 数据标准与安全

作为一个开放的生态系统，HarmonyOS还需要面对多样化的应用程序开发者和应用程序。目前HarmonyOS在应用程序数据存储方面的开放标准还不够成熟，缺乏统一的接口和规范，导致了应用程序在不同设备上存在兼容性和一致性的问题。为此，HarmonyOS制定了统一的数据共享标准和协议，建立统一的开放平台，以便应用程序开发者可以更加便捷地使用和管理应用程序数据。HarmonyOS通过应用程序研究跨设备数据同步、数据融合、数据一致性等技术，促进应用程序的协同工作和互操作性，进而加强数据隐私保护，使用户的应用程序数据可以在设备更换、数据丢失或意外故障等情况下得到有效的保护和恢复。

　　HarmonyOS可以推动应用程序数据的标准化和互操作性，通过建立统一的数据标准和数据格式，包括数据的创建、读取、更新、删除等阶段的管理，合理利用存储资源，优化数据存储的空间，提高数据访问效率，提高系统整体性能和稳定性，使不同应用程序之间可以方便地进行数据交换和共享。此外，HarmonyOS引入了先进的技术和创新思维，支持开放的数据接口和协议，促进应用程序开发者和数据提供者之间的合作和互联互通，不断完善应用程序数据存储的功能和性能，推动应用程序生态系统的健康发展。

3.4.2　应用程序数据存储的研究现状

3.4.2.1　数据隐私保护

　　开发者们通过数据加密、权限管理、身份认证等技术手段，对HarmonyOS中的应用程序数据进行保护，防止未授权的访问和数据泄露。同时，也有开发者致力于设计更加智能化的数据隐私保护机制，如基于人工智能的数据隐私保护方法，以提高数据隐私保护的精确性和效率。

3.4.2.2　性能优化

　　数据索引和查询优化是常用的性能优化策略。开发者们通过优化数据读写速度、减少数据存储占用空间、提高数据访问效率等方式，创建合适的索引，以加速数据的查询操作，从而提升系统中应用程序数据存储的性能。优化存储和读取策略也可以提升性能，通过批量读取、异步读取等方式，减少读取操作的次数和延迟。此外，还有开发者关注在多设备协作场景下的性能优化，HarmonyOS倡导数据共享和互联互通，包括数据同步、数据传输、数据格式转换等方面，减少查询的执行时间和资源消耗。在保护用户隐私的前提下，实现应用程序数据的共享和合理利用，提供更加流畅和高效的应用程序数据存储体验。HarmonyOS鼓励应用程序开发者遵循统一的开放标准，以实现应用程序的互操作性和兼容性。目前，已有一些开放标准在系统中得到应用，如数据存储接口标准、数据格式标准等。开发者们还在探索如何制定更加全面和统一的开放标准，以促进系统应用程序数据存储的互通和共享。

3.4.2.3 数据标准与安全

首先，在数据共享过程中，应用程序需要合理管理和控制数据的访问权限，确保数据只能被授权的应用程序访问和使用。其次，不同应用程序之间可能使用不同的数据格式和标准，导致数据在共享过程中存在兼容性问题，这需要进行数据格式转换和数据映射，增加了数据共享的复杂性和成本。最后，数据共享的性能和效率问题也需要解决，大规模数据共享可能涉及大量的数据传输和数据处理，对网络传输速度和数据处理能力有较高的要求。因此，关于如何提高数据共享的性能和效率，减少数据传输和处理的延迟，是未来研究的重要方向。

在HarmonyOS中，虽然已经提供了一些数据共享的机制和接口，如跨应用程序数据共享接口、应用程序间数据交换接口等，但目前还存在一些权限管理和安全性问题，尤其是数据共享权限管理和安全。比较常见的如基于角色的权限访问控制（RBAC）和访问令牌（Access Token）等，对共享的数据进行权限管理，遵循通用的数据格式和标准，采用数据缓存和数据预取等技术，对共享的数据进行本地缓存，减少数据传输和处理的延迟。当然，也可以采用异步数据传输和批量数据处理等策略，将数据进行批量处理，减少单条数据处理的开销，提高数据共享的并发处理能力，优化数据共享的性能和效率。

值得注意的是，随着HarmonyOS的不断发展和更广泛应用，在数据隐私保护方面虽然已经取得了一些成果，但仍然面临着隐私保护精确性和效率的挑战；在性能优化方面虽然有一定的改进，但在大规模数据存储和处理场景下，仍然存在一定的瓶颈；在数据共享方面虽然有一些标准和技术，但在跨设备、跨平台的数据共享上还存在一定的局限性。此外，HarmonyOS作为相对较新的操作系统，在应用程序数据存储方面的研究还相对较少。

未来还有许多研究方向和机会，开发者可以进行更深入的研究和探索，主要包括以下几个部分，研究如何在HarmonyOS中引入更加智能化的数据管理和处理技术，如人工智能、大数据分析等，以实现更加智能、高效的应用程序数据存储和管理；研究如何在HarmonyOS中引入区块链技术，保障数据的安全性、可信性和可溯源性；研究如何在HarmonyOS中设计更加灵活和可扩展的数据存储架构，以满足不同应用场景的需求。

　　综上所述，HarmonyOS中的应用程序数据存储是一个具有重要研究意义和应用价值的领域。尽管当前的研究已经取得了一些进展，但仍然面临一些问题和挑战。未来的研究可以在数据隐私保护、性能优化、数据共享、开放标准等方面不断深入探索，以促进HarmonyOS应用程序数据存储的发展和应用。

课后习题

一、选择题

1. 在HarmonyOS中，下列哪种应用程序数据存储适用于存储轻量级的键值对数据（　　）

   A．SharedPreferences   B．SQLite数据库

   C．分布式数据管理   D．云端数据存储

2. 在HarmonyOS中，下列哪种数据存储选项适用于存储结构化的大规模数据集（　　）

   A．SharedPreferences   B．SQLite数据库

   C．文件存储   D．云端数据存储

3. 在HarmonyOS中，下列哪种存储选项可以实现数据的跨设备同步和共享（　　）

   A．SharedPreferences   B．SQLite数据库

   C．文件存储   D．分布式数据管理

4. HarmonyOS中的SharedPreferences是用于存储什么类型的数据（　　）

   A．图片和视频文件   B．用户设置和配置信息

   C．大规模结构化数据   D．分布式数据库

5. HarmonyOS中的SQLite数据库是一种什么类型的数据库（　　）

   A．关系型数据库   B．分布式数据库

   C．非关系型数据库   D．内存数据库

6. 在HarmonyOS中，文件存储适用于存储哪种类型的数据（　　）

   A．结构化数据   B．音频和视频文件

C．用户偏好设置　　　　　　　　D．分布式数据管理

7．HarmonyOS中的分布式数据管理用于实现什么目标（　　）

A．数据加密和解密　　　　　　　B．数据备份和恢复

C．数据同步和共享　　　　　　　D．云端数据存储

8．在HarmonyOS中，哪种技术用于实现数据的加密和解密操作（　　）

A．SharedPreferences　　　　　　B．SQLite数据库

C．AES算法　　　　　　　　　　D．文件存储

9．在HarmonyOS中，数据备份和恢复功能由哪个API提供支持（　　）

A．DataBackup API　　　　　　　B．DataSync API

C．DataEncryption API　　　　　　D．DataStorage API

10．HarmonyOS中的云端数据存储选项提供了什么优势（　　）

A．高可靠性和数据冗余　　　　　B．本地数据存储和管理

C．实时数据分析和处理　　　　　D．设备间的数据同步和共享

二、简答题

1．什么是HarmonyOS中的分布式数据管理？请说明其概念和优势，并描述如何在HarmonyOS应用程序中实现数据的分布式存储和管理。

2．在HarmonyOS中，如何进行数据的加密和解密操作？请说明加密算法的选择和安全性考虑，并提供一个示例代码片段。

3．HarmonyOS提供了哪些数据库存储选项？请比较并对比关系型数据库（如SQLite）和分布式数据库（如Distributed Data Kit，DDK）在HarmonyOS中的应用。

4．HarmonyOS中的数据备份和恢复功能是如何实现的？请描述数据备份的流程和策略，并说明如何使用HarmonyOS的备份和恢复API。

5．请解释HarmonyOS中的云端数据存储选项，并讨论云存储的优势和面临的挑战。

第四章

网络编程

4.1 网络编程概述

网络编程主要是在发送端把信息通过规定好的协议进行组装包，在接收端按照规定好的协议把包进行解析，从而提取出对应的信息，达到通信的目的。

大多数应用程序开发中都会涉及网络功能，网络编程是Linux应用程序开发中核心的技术之一。网络编程的目的是直接或间接地通过网络协议与其他计算机进行通信。作为应用程序开发者，我们开发的软件都是应用程序，而应用程序必须运行于操作系统之上，操作系统则运行于硬件之上，应用程序是无法直接操作硬件的，应用程序对硬件的操作必须调用操作系统的接口，由操作系统操控硬件。

作为计算机科学领域中的重要研究方向，网络编程在云计算、物联网等领域都具有巨大的应用潜力，有助于推动智能化和数字化发展。尤其是网络编程实现了设备之间的互联互通和数据的实时传输，由此衍生出的网络应用程序已经成为人们生活和工作不可或缺的一部分。同时，网络编程涉及网络通信、网络安全、网络协议、网络应用程序开发等多个方面，因此网络编程也将面临着许多新的挑战和机遇。

网络编程的实质是通过操作相应API调度计算机硬件资源，并利用传输管道（网线）进行数据交换的过程。网络编程编写的是传输层面代码，再往下就是操作系统提供的功能，在传输层编写TCP或UDP代码，会调用下层的接口，而这些接口是操作系统提供的。

在网络编程领域，开发者不得不面临许多问题。在网络安全层面上，网络攻击日益猖獗，其衍生的"毒云藤""海莲花""蔓灵花"等全球高级持续性威胁（APT）组织使得我国的重点行业长期遭受网络攻击威胁，主要影响着政府、教育、信息技术和国防军工等重要信息系统。我们如何设计和利用现代编程语言和工具进行高效、灵活、可扩展的网络应用程序开发，实现高效、安全、可靠的网络协议，这就是网络编程研究中的一个热门问题。

因此，网络编程的研究不仅要对网络编程的相关理论进行深入分析，还要探讨网络编程的基本原理、方法和技术，从而深入理解网络编程的内在机制。同时，开发者要通过对实际网络环境和应用场景的分析和实证研究，探讨网络编程在实际应用中的方法和效果评估，从而验证网络编程的可行性和有效性。此外，开发者还要对关于网络编程的案例进行详细分析和研究，探讨不同领域和行业的网络编程案例的融合情况。这些案例可以包括实际应用中的网络应用程序、网络协议的设计和实现、网络安全方案的应用等。开发者需要从实际应用中获取数据和实验结果，验证研究假设和提出的方法，了解网络编程在不同应用场景中的优势和局限性，为进一步的研究和应用提供有力的支持。

网络编程有三要素：IP（Internet Protocol）地址、端口、协议。IP地址是设备在网络中的地址，全称是"互联网协议地址"，是分配给上网设备的数字标签。常见的IP地址分类为IPv4和IPv6。IPv4由32位（四个字节）组成，一般用点分十进制表示。因IPv4最多只能让40多亿设备不重复，不能满足当前的使用需求，所以现在很多设备用IPv6。IPv6采用128位地址长度，每16位一组，分成8组。端口号是应用程序在设备中唯一的标识，它是由两个字节表示的整数，它的取值范围是0—65535。其中，0—1023之间的端口号用于一些知名的网络服务或应用程序，个人用户通常使用1024以上的端口号。特别注意，一个端口号只能被一个应用程序使用。协议是数据在网络中传输的规则，常见的协议有UDP协议和TCP协议。UDP（User Datagram Protocol）协议即用户数据报协议，是面向无连接通信协议。它的特点在于速度快，但有大小限制，一次最多发送64 KB，数据不安全，容易丢失数据。TCP（Transmission Control Protocol）协议即传输控制协议，是面向连接的通信协议，虽然速度慢，没有大小限制，但数据较为安全。

网络编程的开发者需要了解一些常见的网络协议，如TCP/IP、HTTP、FTP等，以便编写合适的网络应用程序。在网络编程中，通常使用Socket编程实现数据传输和通信。HarmonyOS支持Socket编程，开发者可以使用Socket API实现基于TCP/IP协议的网络通信。当使用Socket编程时，需要创建一个Socket对象，然后使用该对象实现网络连接、数据传输等操作。网络编程通常具有客户端和服务器端两个角色。用户在客户端发送请求，服务器端则处理请求并返回响应。为了提高应用程序的并发性和效率，网络编程常常需要使用多线程或异步编程，以处理多个客户端的请求。

除此之外，网络编程中的安全问题也不容小觑。开发者需要了解网络攻击的类型、威胁和防御措施等，如果能突破网络安全技术，提高加密算法、身份认证等方面的安全性，将进一步为网络编程的安全设计和实现提供有效的解决方案。

4.2 网络编程基础知识

HarmonyOS是一款由华为技术有限公司开发的分布式操作系统，旨在为各类设备提供统一的智能化操作系统及应用程序开发平台。HarmonyOS在网络编程领域具有广泛的应用潜力，可用于实现设备之间的互联互通、数据的实时传输及跨设备的协同操作。本节将介绍HarmonyOS网络编程的基础知识。

HarmonyOS的推出，为各类设备提供了一种新的操作系统选择。HarmonyOS具有跨设备、分布式、安全等特点。网络编程作为HarmonyOS的重要应用场景，对于实现设备之间的互联互通、数据的传输和协同操作具有重要意义。对HarmonyOS网络编程基础知识的研究，将有助于深入了解HarmonyOS的网络通信机制、协议栈、网络编程接口等方面的特点，为HarmonyOS应用程序的开发和网络通信的优化提供理论支撑和实践指导。

4.2.1　HUAWEI DevEco Studio简介

HUAWEI DevEco Studio（以下简称DevEco Studio）是HarmonyOS生态应用、原子化服务开发配套的集成开发环境，提供了工程管理、代码编辑、界面预览、编译构建、代码调试等基础功能，同时它还集成了性能调优工具、设备模拟工具、命令行工具等，帮助开发者解决特定领域的问题。

4.2.1.1　DevEco Studio的特点

（1）高效智能代码编辑。

DevEco Studio支持ArkTS、JavaScript、C、C++等语言的代码高亮、代码智能补齐、代码错误检查、代码自动跳转、代码格式化、代码查找等功能，提升代码编写效率。

（2）低代码可视化开发。

DevEco Studio具有丰富的UI界面编辑能力，支持自由拖拽组件和可视化数据绑定，可快速预览效果，所见即所得。同时，它还支持卡片的零代码开发，降低了开发门槛，提升了界面开发效率。

（3）多端双向实时预览。

DevEco Studio支持UI界面代码的双向预览、实时预览、动态预览、组件预览及多端设备预览，便于快速查看代码运行效果。

（4）多端设备模拟仿真。

DevEco Studio提供HarmonyOS本地模拟器、远程模拟器、超级终端模拟器，支持手机、智慧屏、智能穿戴设备等多端设备的模拟仿真，便于快捷获取调试环境。

4.2.1.2　开发HarmonyOS应用程序的步骤

开发者使用DevEco Studio，按照如下步骤，如图4-1所示，即可开发并上架一个基于HarmonyOS的应用程序/服务到华为应用市场。

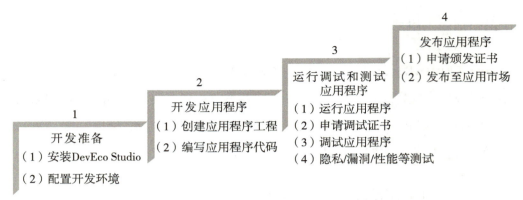

图4-1　开发HarmonyOS应用程序的步骤

（1）搭建应用程序开发环境。

在开发HarmonyOS应用程序之前，开发者首先需要搭建应用程序开发环境。HarmonyOS应用开发环境的搭建，包含了软件安装、配置开发环境（如设置IDE代理或设置npm代理，下载HarmonyOS SDK）、创建和运行第一个应用程序（如Hello World）。DevEco Studio支持Windows系统和macOS系统，在下载时，建议DevEco Studio及SDK文件的安装路径不要包含中文或空格。

（2）下载HarmonyOS SDK。

当第一次使用DevEco Studio时，工具的配置向导会引导开发者下载SDK及工具链。运行已安装的DevEco Studio。若首次使用，请选择"Do not import settings"，单击"OK"；进入DevEco Studio操作向导页面，修改npm registry，DevEco Studio已预置对应的仓（默认的npm仓，可能出现部分开发者无法访问或访问速度缓慢的情况），直接单击"Start using DevEco Studio"进入下一步。

（3）设置HarmonyOS SDK存储路径。

在SDK Components Setup界面，设置HarmonyOS SDK存储路径，单击"Next"进入下一步，进入设置配置页面，点击"Next"按钮进入下一步。HarmonyOS应用程序/服务支持API Version 4至9，如首次使用DevEco Studio，工具的配置向导会引导开发者下载SDK及工具链。配置向导默认下载API Version 9的SDK及工具链。如需下载API Version 4至8，开发者可在工程配置完成后，进入HarmonyOS SDK界面手动下载。

（4）License协议。

在弹出的SDK下载信息页面，单击"Next"，并在弹出的License Agreement窗口，阅读License协议，并且需要同意License协议，然后单击"Next"开始下载SDK。等待SDK下载完成后，单击"Finish"，完成SDK的下载，会进入到DevEco Studio欢迎界面。

（5）诊断开发环境。

为了保证开发者开发应用程序/服务的良好体验，DevEco Studio提供了开发环境诊断的功能，帮助开发者识别开发环境是否完备。开发者可以在欢迎界面单击Help→Diagnose Development Environment进行诊断。如果开发者已经打开了工程开发界面，也可以在菜单栏单击Help→Diagnostic Tools→Diagnose Development Environment进行诊断。DevEco Studio开发环境诊断项目包括电脑的配置、网络的连通情况、依赖的工具或SDK等。如果检测结果为未通过，开发者需要根据检查项的描述和修复建议进行处理。

（6）打开DevEco Studio。

当开发者双击桌面图标打开开发工具DevEco Studio，可能会出现两种情况：如第一次打开，会出现页面向导，点击"Create HarmonyOS Project"，创建新工程；如已经建立了HarmonyOS工程，想要创建新的工程，可以点击菜单栏File→New→Create Project来创建一个新工程。

（7）选择并配置工程模板。

选择HarmonyOS模板库，选择模板"Empty Ability"，点击"Next"进行下一步配置。进入配置工程界面，选择参数，点击"Finish"，工具会自动生成示例代码和相关资源，等待工程创建完成。在默认情况下，应用程序ID也会使用包名，应用程序发布时，应用程序ID需要唯一。以下是一些工程文件参数的配置：

①Project name：工程的名称，可以自定义，由大小写字母、数字和下画线组成。

②Project type：项目类型。

③Bundle name：软件包名称。

④Application：该工程是一个传统方式的需要安装的应用程序。

⑤Atomic service：该工程是一个免安装的原子化服务。

⑥Save location：工程文件在本地的存储路径，不能包含中文字符。

⑦Compile SDK：应用程序/服务的目标API Version。在编译构建时，DevEco Studio会根据指定的Compile API版本进行编译打包。

⑧Model：应用程序模型，HarmonyOS先后提供了两种应用程序模型，分为Stage模型与FA模型。API 9支持Stage模型；API Version 4至8只支持FA模型。

⑨Enable Super Visual：支持低代码开发模式。

⑩Language：开发语言(API为9时，FA模型下支持JS语言)。

⑪Compatible SDK：兼容的最低API Version。

⑫Device type：该工程模板支持的设备类型，支持多选，默认全部勾选。如果一个应用程序/服务勾选多个设备，表示该应用程序/服务支持部署在多个设备上。

⑬Show in service center：该参数表示是否在服务中心展示。如果Project type为Atomic service，则会同步创建一个2×2宫格的服务卡片模板，同时还会创建入口卡片。

我们在学习以上基础知识后，可以在HarmonyOS网络编程中进行HarmonyOS应用程序/服务的研发了。下一节将会学习ArkTS语言、基本UI描述、页面级变量的状态管理、应用程序级变量的状态管理、渲染控制和使用限制与扩展。开发者将能够描述Type Script语言与Java Script语言的区别；在bulid函数内进行基本UI描述；运用ArkTS中的各类装饰器；区分页面级变量的状态管理和应用程序级变量的状态管理。

4.2.2 低代码开发技术和UI界面

4.2.2.1 低代码开发技术

在介绍ArkTS之前，我们需要知道UI可视化的开发是如何实现的。实际上，HarmonyOS为初学者提供了十分友好的低代码开发，能够支持自由拖拽组件和可视化数据绑定，可快速预览效果，所见即所得。通过拖拽式编排、可视化配置的方式，帮助开发者减少重复性的代码编写，快速地构建多端应用程序。低代码开发的产物如组件、模板等可以被其他模块的代码引用，并能跨工程复用，支持开发团队协同完成复杂应用程序的开发。

在创建工程流程时，打开"Enable Super Visual"开关，表示使用低代码开发功能开发应用程序/服务，单击"Finish"，等待工程同步完成。

（1）UI Control。

UI控件栏，可以将相应的组件选中并拖动到画布（Canvas）中，实现控件的添加。

（2）Panel。

功能面板，包括常用的画布缩小放大、撤销、显示/隐藏组件虚拟边框、设备切换、明暗模式切换、Media query切换、可视化布局界面一键转换为html和css文件等功能。

（3）Attributes & Styles。

属性样式栏，选中画布中的相应组件后，在右侧属性样式栏可以对该组件的属性样式进行配置。

（4）Component Tree。

组件树，映射画布上组件的层级关系。开发者可以通过选中组件树中的组件（画布中对应的组件被同步选中），实现画布内组件的快速定位。

（5）Canvas。

画布，开发者可在此区域对组件进行拖拽、拉伸等可视化操作，构建UI界面布局效果。

4.2.2.2 UI界面

（1）扩展的声明式UI具有以下特性，如图4-2所示。

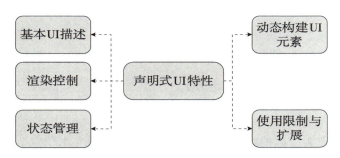

图4-2 扩展的声明式UI特性图

①基本UI描述。

ArkTS定义了各种装饰器、自定义组件、UI描述机制，再配合UI开发框架中的UI内置组件、事件方法、属性方法等共同构成了UI开发的主体。

②渲染控制。

ArkTS提供了渲染控制的能力。条件渲染可根据应用程序的不同状态，渲染对应状态下的部分内容。循环渲染可从数据源中迭代获取数据，并在每次迭代过程中创建相应的组件。

③状态管理。

ArkTS提供了多维度的状态管理机制。在UI开发框架中，和UI相关联的数据，不仅可以在组件内使用，而且可以在不同组件层级间传递（比如父子组件之间、爷孙组件之间）；既可以是全局范围内的传递，也可以是跨设备传递。另外，从数据的传递形式来看，数据的传递可分为只读的单向传递和可变更的双向传递。开发者可以灵活地利用这些功能来实现数据和UI的联动。

④动态构建UI元素。

ArkTS提供了动态构建UI元素的功能，不仅可以自定义组件内部的UI结构，还可以复用组件样式，扩展原生组件。

⑤使用限制与扩展。

ArkTS在使用过程中存在限制与约束，同时也扩展了双向绑定等功能。

（2）常用的基本组件。

UI界面通常是由一个个基本组件组成，通过合理的布局展现想要的功能，下面介绍一些常用的基本组件。

①Div。

基础容器，用作页面结构的根节点或将内容进行分组，支持CSS语法中flex布局的所有属性。除此之外，还支持grid布局。

②Text。

文本组件，作为基础的组件之一，可用于呈现一段文本信息。文本信息需要写在元素标签内，支持子组件span。

③Image。

图片组件，用来渲染展示图片，不支持子组件。

④List。

显示列表的组件，包含一系列相同宽度的列表项，适合连续地、多行地呈现同类数据。<list-item>是<list>的子组件，展示列表的具体项。<list-item-group>是<list>的子组件，实现列表分组功能，不能再嵌套<list>，但可以嵌套<list-item>。

⑤Search。

提供搜索框组件，用于提供用户搜索内容的输入区域，不支持子组件，但支持通用方法。

⑥Button。

提供按钮组件，包括胶囊按钮、圆形按钮、文本按钮、弧形按钮、下载按钮等。

⑦Form。

表单容器，支持容器内input组件内容的提交和重置。

⑧Input。

交互式组件，包括单选框，多选框，按钮和单行文本输入框，可选值为text、email、date、time、number、password、button、checkbox、radio，支持change事件，输入框输入内容发生变化时触发该事件，返回用户当前输入值。

⑨Tabs。

当页面经常需要动态加载时，推荐使用Tabs页签组件。它的子组件仅支持最多一个<tab-bar>和最多一个<tab-content>。

⑩Swiper。

滑动容器，提供切换子组件显示的功能，支持除<list>之外的子组件，Swiper组件可以通过indicator样式设置是否显示导航点指示器，以及swipe To等方法控制页面的切换。

⑪Label。

为input、button、textarea组件定义相应的标注，点击该标注时会触发绑定组件的点击效果。使用target属性，写入绑定目标组件的属性ID值。

⑫Toolbar。

工具栏组件，放在界面底部，用于展示针对当前界面的操作选项。支持<toolbar-item>子组件，最多可以展示5个<toolbar-item>子组件。如果存在6个及以上<toolbar-item>子组件，则保留前面4个子组件，后续的子组件收纳到工具栏上的更多项目中，展示的组件样式采用系统默认样式。

4.2.3　ArkTS基本组成说明

在学习了网络编程的基本组件后，下一个重点则是装饰器。它是用来装饰类、结构体、方法以及变量，赋予其特殊的含义。这些装饰器可以使得组件之间更加灵活可控，在布局和页面美观上满足用户需求。如@Component、@Entry、@State都是装饰器。具体而言，@Component表示这是个自定义组件；@Entry表示这是个入口组件；@State表示组件中的状态变量，这个状态变化会引起UI变更。

（1）自定义组件。

可复用的UI单元，可组合其他组件，如被@Component装饰的struct Hello。

（2）UI描述。

以声明式的方法来描述UI的结构，如build()方法中的代码块。

（3）内置组件。

ArkTS中默认内置的基本组件和布局组件是可以直接调用的，如Column、Text、Divider、Button等。

（4）属性方法。

用于组件属性的配置，统一通过属性方法进行设置，如width()、height()、color()、fontSize:0等，可通过链式调用的方式设置多项属性。

（5）事件方法。

用于添加组件对事件的响应逻辑，统一通过事件方法进行设置，如跟随在Button后面的on Click()。

4.2.4　ArkTS基本语法

4.2.4.1　基本语法

组件和装饰器都需要满足网络编程的基本语法。组件的接口定义不包含必选的构造参数，组件后面的"()"中不需要配置任何内容。如，Divider组件不包含构造参数：

Clumn(){

Text('item1')

Divider()

Text('item2')

}

但如果组件的接口定义中包含必选的构造参数，则在组件后面的"()"中必须配置参数，参数可以使用常量进行赋值。

Image组件的必选参数src:

Image('https://xyz/a.jpg')

Text组件的可选参数content:

Text('123')

变量或表达式也可以用于参数赋值，其中表达式返回的结果类型必须满足参数类型要求。如传递变量或表达式来构造Image和Text组件的参数：

Image(this.imagePath)

Image('https://'+this.imageUrl)

Text('count:${this.count}')

4.2.4.2　属性方法

属性方法是用于配置组件属性的。ArkTS通过"."链式调用的方式配置UI组件的属性方法，配置Text组件的字体大小属性：

Text('test')

.fontSize(12)

使用"."运算符进行链式调用并同时配置组件的多个属性，如下所示：

Image('test.jpg')

.alt('error.jpg')

.width(100)

.height(100)

除了直接传递常量参数外，还可以传递变量或表达式，如下所示：

Text('hello')

.fontSize(this.size)

Image('test.jpg')

.width(this.count%2==0?100:200)

.height(this.offset+100)

对于系统内置组件，框架还为其属性预定义了一些枚举类型，可供开发人员调用。枚举类型可以作为参数传递，但必须满足参数类型要求。例如，可以按以下方式配置Text组件的颜色和字体属性：

Text('hello')

.fontSize(20)

.fontColor(Color.Red)

.fontWeight(FontWeight.Bold)

4.2.4.3　事件对象与方法

事件对象是当我们进行一个事件的时候，系统会帮助我们记录这个事件的很多信息（如：鼠标位置，按键信息)，这些信息被称为事件对象，而把一个函数添加到被选元素的事件处理程序中的触发器，被称为事件方法。addEventListener()可以在同一个元素中添加不同类型的事件，添加的事件不会覆盖已存在的事件。在以下示例代码中，如果用户点击按钮，会在控制台看到两条消息，分别是"点击触发第一个事件"和"点击触发第二个事件"；如果用户将鼠标悬停在按钮上，还会额外看到一条消息："你的鼠标刚刚经过了按钮"。

```
<script>
document.getElementById("myBtn").addEventListener("click"，myClickOne);

document.getElementById("myBtn").addEventListener("click"，myClickTwo);

document.getElementById("myBtn").addEventListener("mouseover"，myMouseover);

function myClickOne(){

    console.log("点击触发第一个事件");

}

function myClickTwo(){

    console.log("点击触发第二个事件");

}

function myMouseover(){

    console.log("你的鼠标刚刚经过了按钮");

}

</script>

<body>

    <button id="myBtn">测试按钮</button>

</body>
```

在html标签里添加事件是设置一个on click="test()"的方法，对应的移除方法unbind()，该方法能够移除所有被选的元素或事件处理程序，当事件发生时终止指定函数的运行。需要注意的是，如果未规定参数，则unbind()方法会删除指定元素的所有事件处理程序，unbind()方法适用于任意由jQuery添加的事件处理程序。

自jQuery版本1.7起，on()和off()方法是在元素上添加和移除事件处理程序的首选方法。绑定click事件时，最好先用unbind()。

在事件方法的回调中，也可以添加组件响应逻辑。例如，为Button组件添加on Click方法，在on Click方法的回调中添加点击响应逻辑。

通过事件方法可以配置组件支持的事件，事件方法紧随组件，并用"."运算符连接，如图4-3所示。

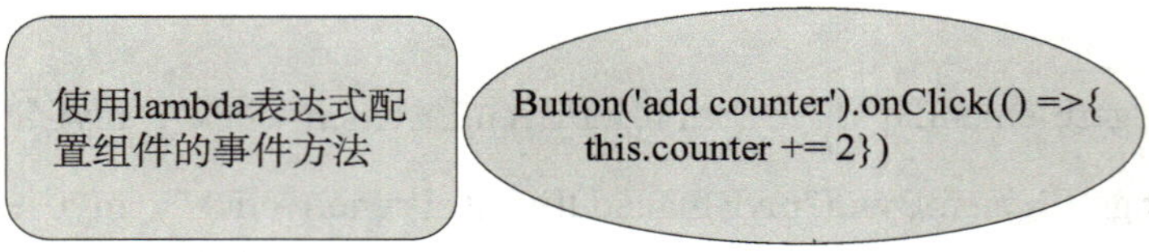

图4-3　配置组件的事件方法图

4.2.4.4　其他表达式

（1）使用匿名函数表达式配置组件的事件方法，要求使用bind()，以确保函数体()中的this指向当前组件。

（2）使用组件的成员函数配置组件的事件方法。

①子组件配置。对于支持子组件配置的组件，例如容器组件，在"{ … }"里为组件添加子组件的UI描述。Column、Row、Stack、Button、Grid和List组件都是容器组件。

②以下是简单的Column示例，可以嵌套多个子组件。

```
//Column内对基础组件UI描述

Column(){

Text('Hello')

.fontSize(100)

Divider()

Text(this.myText)

.fontSize(100)

.fontColor(Color.Red)

}

//Column内对容器组件UI描述

Column() {

Column(){

Button() {

Text('+ 1')

}.type(ButtonType.Capsule)
```

```
.onClick(() => console.log ('+1 clicked!'))

lmage('1.jpg')

}

Divider()

Column() {

Button() {

Text('+ 2')

}.type(ButtonType.Capsule)

.onClick(() => console.log ('+2 clicked!'))

lmage('2.jpg')

}

}.alignltems(HorizontalAlign.Center)
```

"组件"是指一类可以独立构建、管理和复用的模块化UI元素或功能单元。这些组件以自包含的方式存在，具备特定的功能或界面，能够被灵活地集成到应用中，实现模块的高度复用性。HarmonyOS组件提供了统一的开发标准和接口，使开发者能够更便捷地构建丰富、灵活的用户界面和功能。通过组件的使用，HarmonyOS实现了跨设备的一致性体验，使开发者能够更高效地构建适应不同终端的应用。组件化的设计理念使得HarmonyOS更具可拓展性和可维护性，为开发者提供了更强大而高效的开发工具。开发者还可以通过组件间的合理搭配定义，满足业务需求的新组件。如表4-1所示。

表4-1 主要组件表

组件类型	主要组件
容器组件	badge、dialog、div、form、list、list-item、panel、popup、refresh、stack、stepper、swiper、tabs、tab-bar、tab-content
基础组件	button、text、chart、divider、image、image-animator、input、label、marquee、menu、option、picker、picker-view、progress、search、slider、piece、qrcode、rating、richtext、select、span、switch、textarea、toolbar、toolbar-item、toggle、web

4.2.5　组件定义装饰器

什么是装饰器呢？顾名思义就是装饰用的，它可以给结构体、变量、组件进行装饰，不同的装饰器会给被装饰的对象带来不同的功能。例如，带有@符号的就是装饰器，通常如@Entry、@Component和@State都是装饰器。

```
@Entry
@Component
struct Index {
@State message：string ='Hello World'
build() {
Row(){
Column() {
Text(this.message)
.fontSize(50)
.fontWeight(FontWeight.Bold)
}
.width('100%')
}
.height('100%')
}
}
```

ArkTS是鸿蒙生态的应用开发语言。它在保持TypeScript（简称TS）基本语法风格的基础上，对TS的动态类型特性施加更严格的约束，引入静态类型。同时，它还提供了声明式UI、状态管理等相应的能力，让开发者以更简洁、自然的方式开发高性能应用。ArkTS装饰器方法图如图4-4所示。

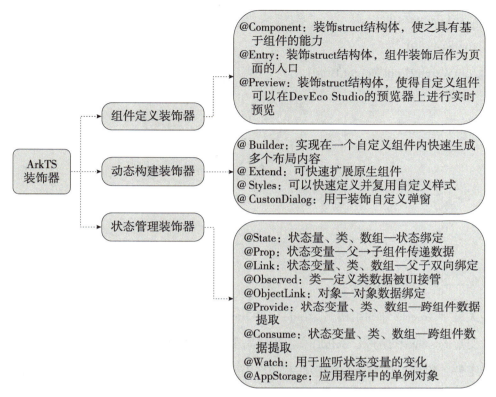

图4-4 ArkTS装饰器方法图

4.2.5.1 @Entry

@Entry装饰的自定义组件用作页面的默认入口组件。加载页面时，系统将首先创建并呈现@Entry装饰的自定义组件。在单个源文件中，有且仅有一个@Entry。

@Entry表示下方的组件将作为整个页面渲染载入的入口。作为一个入口组件，页面先载入@Entry，再载入其他组件。

@Entry

@Component

struct Index {

@State message: string = 'Hello World'

build() {

Row(){

Column() {

```
Text(this.message)

.fontSize(50)

.fontWeight(FontWeight.Bold)

}

.width('100%')

}

.height('100%')

}

}
```

4.2.5.2 UI描述

关键字struct修饰的结构名为Index，在Index结构体{ ... }书写代码，Index结构体中包含变量message和组件，build(){ ... }用来写需要用到的组件和代码。Row和Column为容器组件，组件可以分为容器组件和非容器组件，容器组件可以用()包含一个或多个组件。

```
@Entry
@Component
struct Index f
@State message: string ='Hello World'        //变量可以被装饰器修饰
build() {
Row(){
  Column() {
    Text(this.message)
    .fontSize(50)
    .fontWeight(FontWeight.Bold)
  }
  .width('100%')
  }
```

```
.height('100%')
    }
}
```

4.2.5.3　自定义组件的特点

组件分为系统组件和自定义组件。系统组件和自定义组件的区别在于：系统组件是ArkTS中默认内置的基本组件和布局组件；而自定义组件需要开发者自行写代码实现，先定义后调用。例如，@Component装饰的struct表示该结构体具有组件化能力，能够成为一个独立的组件，这种类型的组件也称为自定义组件。在build()方法里描述UI结构，自定义组件通常具备以下四个特点，如图4-5所示。

图4-5　自定义组件特点图

（1）可组合性。

允许开发人员组合使用内置组件和其他组件、公共属性和方法。自定义组件可以被组合在一起，形成更复杂的界面或功能。这种可组合性使得开发者能够通过组合不同的组件来构建丰富而灵活的应用。自定义组件的可组合性是现代前端框架和库中常见的设计理念。

（2）可复用性。

自定义组件可以被其他组件重用，并作为不同的实例在不同的父组件或容器中使用。它允许开发者通过参数或属性进行配置，以适应不同的需求和场景。这使得组件能够在不同的应用中被定制和重复利用，而不必每次都重新编写。

（3）独立性。

自定义组件是相对独立的单元，它具有自己的状态、行为和样式。这种独立性使得组件在不同的环境中都可以被使用，而不会造成与其他组件的冲突。独立性也有助于降低组件之间的耦合度，提高整个系统的灵活性。

（4）模块化。

自定义组件是一种模块化的设计，它将一个完整的功能或界面封装在一个独立的单元中。这种模块化的特性使得组件可以被轻松地创建、管理和复用，有助于提高代码的可维护性和可复用性。

4.2.5.4　系统组件的声明

（1）非容器组件声明公式。系统组件名()。

（2）容器组件声明公式。系统组件名(){}。

4.2.5.5　动态UI装饰器

@Builder装饰的方法用于定义组件的声明式UI描述，在一个自定义组件内快速生成多个布局内容。

```
@Component
struct myTest{
    build(){
    Button("按钮")
    }
}


    @Entry
    @Component
    struct Index {
      @State message： string = 'Hello World'
      @Builder myTest2(){
      Button("按钮2")
      }

    build()
      Row(){
        Column(){
```

```
      Text(this.message)

      .fontSize(50)

      .fontWeight(FontWeight.Bold)

      myTest()

      this.myTest2()

      }

      .width('100%')

      }

      .height('100%')

      }

   }
```

　　开发者仅靠自己独立封装组件来编写代码，单个文件的导出则会比较麻烦。如果开发者只想封装某个组件且不想单起文件，那么就使用@Builder。由于myTest2定义在了build()过程外面而且在struct里面，因此调用myTest2需要使用this.myTest2()来指定我们用@Builder创建的按钮。

　　@Extend装饰器将新的属性函数添加到内置组件上，如Text、Column、Button等。通过@Extend装饰器可以快速定义并复用组件的自定义样式。

```
@Entry

@Component

struct Index {

   @State message: string = 'Hello World'

build() {

   Row(){

      Column(){

      Text(this.message).font(30)

      Text(this.message).font(30)

      Text(this.message).font(30)

      }
```

```
      .width('100%')
    }
    .height('100%')
  }
}
@Extend(Text)functionfont(fontSize:number){
  .fontColor(Color.Green)
  .fontSize(fontSize)
  .fontStyle(FontStyle.ltalic)
}
```

@Extend装饰器不能用在自定义组件struct的定义框内。但是真正好用的是@Styles装饰器，建议先体验一下@Styles装饰器，再返回看@Extend。

@Styles装饰器将新的属性函数添加到基本组件上，如Text、Column、Button等。当前@Styles仅支持通用属性。系统通过@Styles装饰器可以快速定义并复用组件的自定义样式。

```
@Entry
@Component
  struct Yufa {
    @State message: string = 'Hello World'
      build() {
        Row() {
          Column() {
            Text(this.message)
              .globalStyle()
            Text(this.message)
              .globalStyle()
          }
          .width('100%')
        }
```

```
            .height('100%')
        }
    }
@Styles function globalStyle(){
        .width('70%')
        .height('5%')
        .backgroundColor(Color.Red)
    }
```

@CustomDialog装饰器用于装饰自定义弹窗。

在Struct下修饰的build()过程是为了形容一个弹窗内部的组件样式，例如，添加一个弹窗的高度是200，其代码是"`.height(200)`"，这是比较简单的。具体是如何调用起来的呢？调用的过程稍微有些复杂，当调用它的父级组件时，系统需要用到DialogController。

4.2.5.6 状态管理装饰器

4.2.5.6.1 UI状态管理

ArkTS提供了多维度的状态管理机制，以下是状态管理装饰器流程图，如图4-6所示。

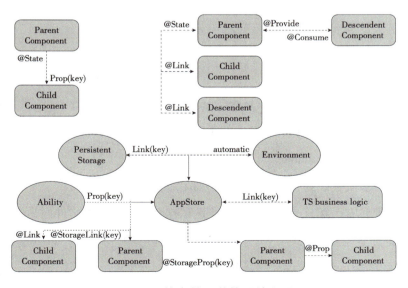

图4-6 状态管理装饰器流程图

4.2.5.6.2 @State定义

@State装饰的变量是组件内部的状态数据,当这些状态数据被修改时,系统将会调用所在组件的build()方法进行UI刷新。

```
@Entry
@Component
struct Index {
    @State message: string = 'Hello World'
    build() {
        Row(){
            Column() {
                Text(this.message)
                .fontSize(50)
                .fontWeight(FontWeight.Bold)
            }
            .width('100%')
        }
        .height('100%')
    }
}
```

@State状态数据特征如下:

(1)支持多种类型。允许class、number、boolean、string强类型的按值和按引用类型。允许这些强类型构成的数组,即Array<class>、Array<string>、Array<boolean>、Array<number>。不允许object和any。

(2)支持多实例。组件不同实例的内部状态数据独立。

(3)内部私有。标记为@State的属性是私有变量,只能在组件内访问。

(4)需要本地初始化。必须为所有@State变量分配初始值,将变量保持未初始化可能会导致框架行为未定义。

(5)创建自定义组件时,支持通过状态变量名设置初始值。在创建组件实例时，可以通过变量名显式指定@State状态属性的初始值。

```
@Entry

@Component

struct Index {

    @State myVal: number= 0

    build() {

        Column()

    Text( '${this.myVal}')

        .fontSize(50)

        .fontWeight(FontWeight.Bold)

        .margin({top：303})

    Button("加1")

        .width('100')

        .onClick(()=>{

        this.myVal++

        })

    }

        .width('100%')

        .height('100%')

        }

    }
```

当点击"加1"按钮时，Text标签的数字会加1显示，即myVal通过button点击事件改变了值，并显示在Text上。

@State装饰的变量是组件内部的状态数据。当这些状态数据被修改时，系统将会调用所在组件的build()方法进行UI刷新。标记为@State的属性是私有变量，只能在组件内访问；系统必须为@State变量分配初始值。

4.2.5.6.3　@Prop定义

@Prop与@State有相同的语义，但初始化方式不同。@Prop装饰的变量必须使用其父组件提供的@State变量进行初始化，允许组件内部修改@Prop变量，但更改的过程不会通知到父组件，即@Prop属于单向数据绑定。

@Prop状态数据具有以下特征：

（1）支持简单类型。仅支持number、string、boolean简单类型。

（2）私有。仅在组件内访问。

（3）支持多个实例。一个组件中可以定义多个标有@Prop的属性。

（4）创建自定义组件时，系统将值传递给@Prop变量进行初始化：在创建组件的新实例时，系统必须初始化所有@Prop变量，不支持在组件内部进行初始化。

4.2.5.6.4 @Link定义

@Link装饰的变量可以和父组件的@State变量建立双向数据绑定。

@Link状态数据特征如下：

（1）支持多种类型。@Link变量的值与@State变量的类型相同，即class、number、string、boolean或这些类型的数组。

（2）私有。仅在组件内访问。

（3）单个数据源。初始化@Link变量的父组件的变量必须是@State变量。

（4）双向通信。子组件对@Link变量的更改将同步修改父组件的@State变量。

创建自定义组件时需要将变量的引用传递给@Link变量，在创建组件的新实例时，系统必须使用命名参数初始化所有@Link变量（@Link变量不能在组件内部进行初始化）。@Link变量可以使用@State变量或@Link变量的引用进行初始化，@State变量可以通过"$"操作符创建引用。

4.2.5.6.5 @State、@Prop、@Link三者的关系

组件状态管理装饰器用来管理组件中的状态，组件状态管理装饰器分别是@State、@Prop、@Link。组件状态管理装饰器关系图如图4-7所示。

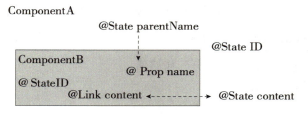

图4-7 组件状态管理装饰器关系图

在探讨HarmonyOS网络编程基础知识时，我们发现HarmonyOS采用了分布式架构和分布式能力框架，使得设备之间可以进行高效的通信和协同操作。HarmonyOS网络编程基于分布式能力框架，提供了丰富的网络编程接口，有基于分布式数据管理的分布式数据通信、基于分布式任务调度的分布式任务协同，以及基于分布式安全机制的安全通信等。此外，HarmonyOS网络编程还支持多种通信协议，包括HTTP、WebSocket、CoAP等，使开发者可以根据应用程序需求选择合适的协议进行通信。

在研究HarmonyOS网络编程时，开发者需要深入了解HarmonyOS的网络通信机制、协议栈和网络编程接口的特点，掌握HarmonyOS网络编程的基本原理和技术，以及在实际应用中的优化方法，并关注HarmonyOS网络编程在不同应用场景下的实际应用，结合相关领域的发展现状深入研究。

4.2.6　类Web开发范式基础

4.2.6.1　JS UI框架说明

方舟开发框架（ArkUI），是HarmonyOS的一套UI开发框架。ArkUI提供了两种开发框架范式，分别是基于ArkTS的声明式开发范式和兼容JS的类Web开发范式，如图4-8所示。

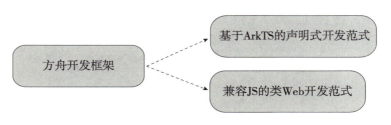

图4-8　方舟开发框架范式

4.2.6.2　开发框架范式特点

ArkUI两种开发框架范式的特点，如表4-2所示。

表4-2　两种开发框架范式特点表

特点	开发框架范式名称	
	类Web开发范式	声明式开发范式
语言生态	JavaScript	拓展的TS语言（如ArkTs）
类型	轻量级解释编程语言	强类型的面向对象编程语言
UI更新方式	数据驱动更新	数据驱动更新
数据绑定	没有类型和接口的概念	使用类型和接口表示数据
拓展名	.JS	.ts或.tsx
适用人群	Web前端开发人员	移动系统应用程序开发人员、系统应用程序开发人群
适用场景	界面较为简单的类小程序应用和卡片	复杂度较大、团队合作度较高的程序

4.2.6.3　方舟开发框架的整体架构

方舟开发框架的整体架构，如图4-9所示。具体如下：

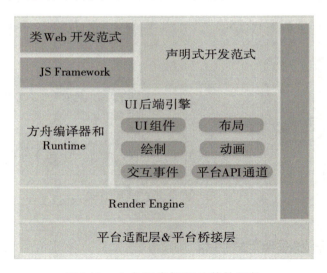

图4-9　方舟开发框架的整体架构

（1）UI组件。

方舟开发框架内置了丰富的多态组件，包括Text、Image、Button等基础组件，可包含一个或多个子组件的容器组件，可以满足开发者自定义绘图需求的绘制组件及提供视频播放能力的媒体组件等。其中，"多态"是指组件针对不同类型设备进行了设计，提供了在不同平台上的样式适配能力。

（2）布局。

UI界面设计离不开布局的参与。方舟开发框架提供了多种布局方式，不仅保留了经典的弹性布局能力，也提供了列表、宫格、栅格布局和适应多分辨率场景开发的原子布局能力。

（3）动画。

方舟开发框架对于UI界面的美化，除了组件内置动画效果外，也提供了属性动画、转场动画和自定义动画能力。

（4）绘制。

方舟开发框架提供了多种绘制能力，以满足开发者的自定义绘图需求，支持绘制形状、颜色填充、绘制文本、变形与裁剪、嵌入图片等。

（5）交互事件。

方舟开发框架提供了多种交互能力，以满足应用程序在不同平台通过不同输入设备进行UI交互响应的需求，默认适配了触摸手势、遥控器按键输入、键盘和鼠标输入等方式，同时提供了相应的事件回调以便开发者添加交互逻辑。

（6）平台API通道。

方舟开发框架提供了API扩展机制，可通过该机制对平台能力进行封装并提供风格统一的IS接口。

4.2.6.4　ArkUI两种开发框架范式的异同

（1）共同点。

类Web开发范式与声明式开发范式的UI后端引擎和语言运行时是共用的。

（2）差异点。

声明式开发范式无需JS Framework进行页面DOM管理，渲染更新链路更为精简，且占用内存更少。因此，笔者更推荐开发者选用声明式开发范式来搭建应用程序UI界面。下面简单介绍下声明式开发范式：

①Application。

应用层表示开发者开发的FA应用程序，这里的FA应用程序特指JS FA应用程序。

②Framework。

前端框架层主要完成前端页面解析，以及提供MVVM (Model–View–ViewModel)开发模式、页面路由机制和自定义组件等能力。

③Engine。

引擎层主要提供动画解析、DOM（Document Object Model）树构建、布局计算、渲染命令构建与绘制、事件管理等能力。

④Porting Layer。

适配层主要完成对平台层进行抽象，提供抽象接口，可以对接到系统平台，如事件对接、渲染管线对接和系统生命周期对接等。

在HarmonyOS的MVVM模型中，JS UI框架沿用的是一种类小程序和Vue的Web开发方式。与Vue中MVVM不同的是，HarmonyOS的JS UI框架是以单向数据流的形式连通JS脚本变量与标记语言实现的页面，即视图变化不会影响对象状态。因此，MVVM模式的优势在于低耦合、可重用性、可独立开发、可测试。

4.2.7 开发基础语法

4.2.7.1 各个文件夹的作用

（1）app.js文件。

用于全局JavaScript逻辑和应用程序生命周期管理。

（2）pages目录。

用于存放所有组件页面。

（3）common目录。

用于存放公共资源文件，如媒体资源、自定义组件和JS文件。

（4）resources目录。

用于存放资源配置文件，如多分辨率加载等配置文件。

（5）i18n目录。

用于存放多语言的ison文件，可以在该目录下定义应用程序在不同语言系统下显示的内容，如应用程序文本词条、图片路径等。

4.2.7.2　目录结构中文件分类

（1）.html后缀结尾的HTML模板文件。

描述当前页面的文件布局结构。

（2）.css后缀结尾的CSS样式文件。

描述页面样式。

（3）.js后缀结尾的JS文件。

处理页面间的交互。

4.2.7.3　HML页面结构

HML（HarmonyOS Markup Language）是一套类HTML的标记语言，通过组件、事件构建出页面的内容。页面具备数据绑定、事件绑定、列表渲染、条件渲染和逻辑控制等高级能力。

4.2.7.4　事件绑定

在移动应用程序中，页面元素经常要与用户交互，交互的主要方式是手指的触摸，以及页面元素对触摸事件的响应。事件通过"on"或者"@"绑定在组件上，当组件触发事件时，系统会执行JS文件中对应的事件回调函数。

4.2.7.5　列表渲染

for循环里面用数据绑定，绑定一个数组。然后在子组件中通过{fsitem.name}获取这个数组里的name属性。其中，$item是默认的索引。tid属性主要用来加速for循环的重渲染，如tid="id"表示数组中的每个元素的id属性为该元素的唯一标识。

4.2.7.6　样式选择器

样式选择器（即CSS选择器）用于选择需要添加样式的元素，支持的样式选择器如表4-3所示。

表4-3　样式选择器

选择器	样式	样式描述
.class	.container	用于选择class="container"的组件
#id	#titleld	用于选择id="titleld"的组件
tag	text	用于选择text组件
,	.title，.content	用于选择class="title"和class="content"的组件
#id .class tag	#fcontainerld,con-tenttext	非严格父子关系的后代选择器选择具有id="containerld"作为祖先元素，class="content"作为次级祖先元素的所有text组件。如需使用严格的父子关系，可以使用">"代替空格，如#containerld>.content

4.2.7.7　选择器优先级

当多条选择器声明匹配到同一元素时，各类选择器由高到低的优先级顺序为"内联样式>id>class> tag"。优先级高的选择器样式设置会覆盖优先级低的选择器样式，同级的选择器后面的样式会覆盖前面的样式。选择器的优先级计算规则与W3C标准保持一致（只支持内联样式、id、class、tag、后代和直接后代）。其中，内联样式为在元素style属性中声明的样式，组件样式的声明除了用单独的.css文件外，也可以直接定义在.hml文件中。

4.2.7.8　CSS弹性盒子

弹性盒子（flexbox）是一种当页面需要适应不同的屏幕大小及设备类型时确保元素拥有恰当的行为的布局方式。引入弹性盒子布局模型的目的是提供一种更加有效的方式来对一个容器中的子元素进行排列、对齐和分配空白空间。

（1）容器。

添加了弹性布局的父元素（flex container）。

（2）项目。

弹性布局容器中的每一个子元素（flex item）。

（3）主轴。

是沿着flex元素放置的方向延伸的轴（main axis）。

（4）交叉轴。

是垂直于flex元素放置方向的轴（cross axis）。

4.2.7.9　弹性盒子常用属性

对于弹性盒子布局的容器在.css文件中使用"display:flex"声明使用弹性盒子布局。弹性盒子的常用属性如表4-4所示。

表4-4　弹性盒子的常用属性

属性	描述
flex-direction	主轴方向，指定弹性容器中元素排列方式，默认方向是水平（row）
flex-wrap	设置弹性盒子的子元素超出父元素容器时是否换行
flex-flow	flex-direction和flex-wrap的简写
align-items	设置弹性盒子元素在侧轴（纵轴）方向上的对齐方式
align-content	修改flex-wrap属性的行为，类似align-items，但不是设置子元素对齐，而是设置行对齐
justify-content	设置弹性盒子元素在主轴（横轴）方向上的对齐方式

4.2.7.10　JavaScript的基础语法

JS文件用来定义HTML页面的业务逻辑，是支持欧洲计算机制造商协会（ECMA）规范的JavaScript语言。基于JavaScript语言的动态化能力，系统可以使应用程序更加富有表现力，具备更加灵活的设计能力。下面以JS文件的编译和运行的支持情况为例，介绍JavaScript的基础语法。

4.2.7.10.1　页面逻辑代码JS文件

每一个页面对应一个页面JS模块化文件，这个文件只针对当前这个页面生效。

// index.js 页面逻辑代码

export default {

```
// 当前页面设置数据，该数据可以在当前模块中随意调用
  data:{
    title:"HarmonyOs应用程序开发"
    },
  onlnit(){
   // 页面初始化后需要执行的代码，相当于当前页面程序的入口
    console.log(this.title);
   // 可以直接使用this调用当前模块中data设置的数据
  }
}
```

4.2.7.10.2　JavaScript变量声明

作用域是指函数或变量的可供访问的范围。

（1）var。

var可以定义全局变量和局部变量。

（2）let。

let允许声明一个作用域被限制在块级中的量、语句或者表达式。

（3）const。

const声明只能在声明它们的块级作用域中访问，声明一个只读的常量，这意味着声明后的常量不能被修改并且不能被重复声明。

（4）函数。

函数通过function关键词进行定义，其后是函数名和英文括号()。

```
var isShow = false;// 定义一个布尔值

let msg = 'Hello world';//定义一个字符串

const arr =[ 1, 2, 3, 4, 5];//定义一个数组

function findUser(userlD){

// 定义一个函数

        // todo find user by user ID

}
```

4.2.7.10.3　获取DOM元素

可以通过$refs获取DOM元素，或者$element获取DOM元素。$refs是描述持有注册过ref属性的DOM元素或子组件实例的对象。data描述页面的数据模型，类型是对象或者函数。如果类型是函数，返回值必须是对象。属性名不能以$或空格开头，不要使用保留字for、if、show、tid。

4.2.7.10.4　生命周期app.js文件

在index的页面中展示app.js内的数据。目前app.js环境中仅支持onCreate和onDestroy回调，提供getApp()全局方法，可以在自定义js文件中获取。

4.2.7.10.5　页面生命周期

页面生命周期，以App生命周期为例，如图4–10所示。具体如下：

（1）onInit。

页面数据初始化完成时触发，只触发一次。

（2）onReady。

页面创建完成时触发，只触发一次。

（3）onShow。

页面显示时触发。

（4）onHide。

页面消失时触发。

（5）onDestroy。

页面销毁时触发。

（6）onBackPress。

当用户点击返回按钮时触发，返回true表示页面自己处理返回逻辑，返回false表示使用默认的返回逻辑。

（7）onActive。

页面激活时触发。

（8）onInactive。

页面暂停时触发。

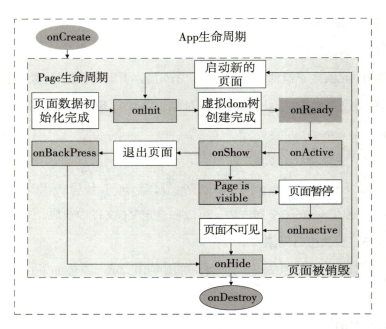

图4-10　App生命周期图

4.2.7.10.6　应用程序生命周期

在app.js中，可以定义的应用程序生命周期函数，如表4-5所示。

表4-5　应用程序生命周期函数

属性	类型	描述	触发时机
onCreate	() => void	应用程序创建	当应用程序创建时调用
onShow	() => void	应用程序处于前台	当应用程序处于前台时触发
onHide	() => void	应用程序处于后台	当应用程序处于后台时触发
onDestroy	() => void	应用程序销毁	当应用程序退出时触发

4.2.7.11　像素单位

HarmonyOS的方舟开发框架为开发者提供了4种像素单位，分别是px（pixel像素）、vp（virtual pixel虚拟像素）、fp（font pixels字体像素）、lpx（logical pixel逻辑像素），框架采用vp为基准数据单位。

px是屏幕上真实的物理像素单位，1px代表手机屏幕上的一个像素点，比如常见的手机分辨率有320×480、480×800、1080×1920等，这些数值的单位都是px。

总之，了解HarmonyOS网络编程的基础知识对于开发者来说是非常重要的。这可以帮助开发者更好地开发出符合HarmonyOS特点和要求的应用程序，从而为用户提供更好的用户体验和应用程序性能。

4.3 网络编程的高级技巧

HarmonyOS的网络编程主要具有以下四个特点：

（1）分布式能力。

HarmonyOS分布式能力框架提供了强大的分布式通信和协同操作能力，可以支持多设备之间的高效通信和数据共享。

（2）网络编程接口丰富。

HarmonyOS网络编程接口包括了分布式数据通信接口、分布式任务协同接口和安全通信接口等，为开发者提供了灵活且简便的编程方式。

（3）通信协议支持多种场景。

HarmonyOS网络编程支持多种通信协议，包括Wi-Fi、蓝牙、以太网等，可以适应不同应用场景的需求。

（4）优化技术提升性能。

HarmonyOS网络编程具有丰富的优化技术，包括网络性能优化、安全加固和数据传输稳定性等，能够提升应用程序的性能和稳定性。

为了更好地应对HarmonyOS网络编程中复杂和高级的需求，开发者开始探索HarmonyOS网络编程的高级技巧，旨在提高应用程序的性能、安全性和稳定性，从而推动HarmonyOS在各种终端设备上的应用程序开发。

分布式框架是HarmonyOS的核心组成部分，开发者可以使用分布式数据通信接口实现不同设备之间的数据传输和共享，包括基于分布式数据管理的分布式数据通信接口、基于分布式任务调度的分布式任务协同接口、基于分布式安全机制的安全通信接口等。

HarmonyOS网络编程适用于多种应用场景，例如智能家居、物联网、智能交通等场景。了解不同应用场景下的网络编程需求和特点，可以帮助开发者更好地应用鸿蒙系统网络编程技术解决实际问题。另外，HarmonyOS网络编程还涉及网络性能优化、安全加固、数据传输稳定性等方面的技术。当涉及网络性能优化、安全加固和数据传输稳定性等方面的优化技术时，开发者还需要了解这些优化技术的原理和方法，不断优化应用程序的性能和稳定性。

尽管如此，HarmonyOS网络编程在实际应用中仍面临一些挑战和限制。首先，HarmonyOS作为相对新的操作系统，其生态系统和应用程序开发社区相对较小，对于开发者来说资源和支持相对有限。其次，HarmonyOS网络编程在跨平台通信和兼容性方面仍需要进一步优化，特别是与其他操作系统和设备的通信交互。最后，HarmonyOS网络编程在安全性方面也需要加强，包括数据传输的加密和身份验证等。

在应用程序开发中，用户反馈的类型界面是HarmonyOS网络编程中的常用界面之一。在这种类型页面中，我们可以使用rating组件进行打分，textarea组件进行建议反馈，下面将介绍一些更有意思的HarmonyOS网络编程的高级技巧。

4.3.1　组件

4.3.1.1　Marquee

跑马灯组件，用于展示一段单行滚动的文字。该组件除了支持通用属性之外，还支持特有属性，如：scrollamount可以指定跑马灯每次滚动时移动的最大长度，默认值为6；loop可以指定跑马灯滚动的次数，如果未指定，则默认值为−1，当该值小于等于零时表示marquee将连续滚动；Direct IO可以设置跑马灯的文字滚动方向，可选值为left和right；bounce(Rich)是当文本滚动到末尾时触发的事件；finish(Rich)是当完成滚动次数时触发的事件，需要在loop属性值大于0时触发；start(Rich)是当文本滚动开始时触发的事件。

4.3.1.2　Progress

进度条组件，用于显示内容加载或操作处理进度设置进度条的类型，不支持子组件，可选值为horizontal线性进度条、circular为"loading"样式进度条、ring圆环形进度条、scale-ring带刻度圆环形进度条、arc弧形进度条、eclipse圆形进度条（展现类似月圆月缺的进度展示效果）。

4.3.1.3　Picker

滑动选择器组件，支持类型包括普通选择器、日期选择器、时间选择器、时间日期选择器和多列文本选择器。普通选择器特有属性包含range，设置普通选择器的取值范围时需要使用数据绑定的方式，js中声明相应变量，selected设置普通选择器弹窗的默认取值，取值需要是range的索引值，value设置普通选择器的值。

4.3.1.4　Badge

事件提醒组件，应用程序中如果有需要用户关注的新事件提醒，可以采用新事件标记来标识支持单个子组件。如果使用多子组件节点，默认使用第一个子组件节点。特有属性包含：placement事件提醒的数字标记或者圆点标记的位置；count设置提醒的消息数，默认为0；visible则为是否显示消息提醒，当收到新信息提醒时，可以设置该属性为true；maxcount是最大消息数限制，当收到新信息提醒大于该限制时，标识数字会进行省略，仅显示maxcount+；label设置新事件提醒的文本值。

4.3.1.5　Popup

气泡指示组件，在点击绑定的控件后会弹出相应的气泡提示来引导用户进行操作。特有属性target：目标元素的id属性值、placement弹出窗口位置、keepalive（设置当前popup是否需要保留，设置为true时，点击屏幕区域或者页面切换气泡不会消失，需调用气泡组件的hide方法才可让气泡消失。设置为false时，点击屏幕区域或者页面切换气泡会自动消失）。clickable：设置为false时，点击屏幕区域或者页面切换气泡会自动消失。arrowoffset：popup箭头在弹窗处的偏移，默认居中。

4.3.1.6　Qrcode

生成并显示二维码的组件。当width和height不一致时，取二者较小值作为二维码的边长，且最终生成的二维码居中显示；当width和height只设置一个时，取设置的值作为二维码的边长；二者都不设置时，使用200 px作为默认边长。

除此之外，还有switch组件开关选择器，通过开关，开启或关闭某个功能。

4.3.2　虚拟像素与模拟器

虚拟像素（virtual pixel）是一台设备针对应用程序而言所具有的虚拟尺寸（区别于屏幕硬件本身的像素单位），它提供了一种灵活的方式来适应不同屏幕密度的显示效果。使用虚拟像素，可以使元素在不同密度的设备屏幕上具有一致的视觉体量。

HarmonyOS提供虚拟像素vp对分辨率进行抽象，为应用程序开发者提供统一单位。不同设备的系统会在显示时，在底层进行像素转化。不同设备屏幕的尺寸存在差异，HarmonyOS根据设备的屏幕水平宽度，抽象和定义了四种尺寸：超小（xs）、小（sm）、中（md）、大（1）。这四种抽象后的屏幕尺寸与日常使用的设备屏幕类型有一定的对应关系，例如："超小"对应智能穿戴设备，"小"对应手机和折叠屏，"中"对应平板电脑，"大"对应PC与智慧屏。开发者可面向应用程序运行的目标设备进行所属屏幕类型的适配。

$$vp=（px \times 160）/PPI$$

PPI（屏幕像素点密度），即对角线像素点个数/屏幕尺寸(每英寸中有多少个像素点)。这个公式是最精确的换算结果，但是在实际开发过程中，一两个像素单位的偏差并不会给界面带来很大的变化。因此我们通过一些较为常见的分辨率的大约换算总结出一个大概的换算比例，如表4-6所示。

表4-6　常见分辨率的换算

代表分辨率	屏幕密度	换算(px/vp)
240×320	120	1 vp = 0.75 px
320×480	160	1 vp = 1 px
480×800	240	1 vp = 1.5 px
720×1280	320	1 vp = 2 px
1920×1080	480	1 vp = 3 px

像素单位fp与vp类似，随系统字体大小设置变化。默认情况下fp与vp相同，即 1 vp = 1 fp。

DevEco Studio提供的simulator是轻量级模拟器，可以运行和调试Lite Wearable和 Smart Vision设备的应用程序，可以运行兼容签名与不签名两种类型的HAP。

在simulator中运行应用程序的步骤如下：

（1）运行。

（2）选择设备。

（3）查看效果，调试。

4.3.3　原子化服务

原子化服务是HarmonyOS提供的一种全新的应用程序形态，具有独立入口，用户可通过点击碰一碰、扫一扫等方式直接触发，而且原子化服务应用程序无需显式安装，由程序框架后台静默安装后即可使用，为用户提供便捷服务。原子化服务基于 HarmonyOS API开发，支持运行在"1+8+N"设备上，供用户在合适的场景、合适的设备上便捷使用。原子化服务是支撑可分可合、自由流转的轻量化程序实体，可以帮助开发者的服务更快触达用户，它具有如下四个特点。

（1）触手可及。

原子化服务可以在服务中心被发现并使用，同时也可以基于合适场景被主动推荐给用户使用，例如用户可在服务中心和"小艺建议"中发现系统推荐的服务。

（2）服务直达。

原子化服务无需安装卸载，"秒开体验"，即点即用，即用即走。

（3）服务卡片。

用户无需打开原子化服务便可获取服务内重要信息的展示和动态变化如天气、关键事务备忘、热点新闻列表。

（4）自由流转。

原子化服务支持在多设备上运行并按需跨端迁移，或者多个设备协同起来给用户提供最优的体验。例如手机上未完成的邮件，迁移到平板电脑继续编辑，手机用作文档翻页和批注，配合智慧屏作为显示设备，从而完成分布式办公；在分布式游戏场景中，用户可将手机作为手柄，与智慧屏的大屏配合，进行游戏，以获得新奇的、沉浸的游戏体验。

4.3.4 卡片级操作

卡片是一种界面展示形式，用户可以将应用程序的重要信息或操作前置到卡片，以实现服务直达，减少体验层级的目的。

4.3.4.1 卡片操作原理

卡片常用于嵌入到其他应用程序（当前只支持系统应用）中作为其界面的一部分显示，并支持拉起页面、发送消息等基础的交互功能。具体操作原理如图4-11所示。

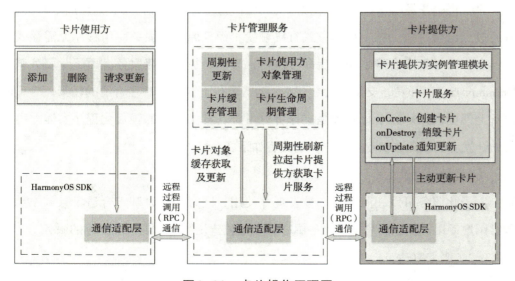

图4-11 卡片操作原理图

例如，运动健康类，可以在服务卡片中展示当前计步数据，用户点击卡片即可启动运动健康应用程序，并展示详细的计步数据。

（1）卡片提供方。

提供卡片显示内容的HarmonyOS应用程序或原子化服务，控制卡片的显示内容、控件布局以及控件点击事件。

（2）卡片使用方。

显示卡片内容的宿主应用程序，控制卡片在宿主中展示的位置。

（3）卡片管理服务。

用于管理系统中所添加卡片的常驻代理服务，包括卡片对象的管理与使用，以及卡片周期性刷新等。

很多应用程序是由多个页面组成的，开发者需要通过页面路由router将这些页面串联起来，按需实现跳转。页面路由router根据页面的uri来找到目标页面，从而实现跳转。以两个页面间跳转为例，示例代码如下：

```
// index.js 跳转到detail页面

import router from '@system.router';

export default {

Launch() {

    router.push ({

        uri: 'pages/detail/detail';

        });

    },

}

// detail.js 返回index页面

import router from '@system.router';

    export default {

        launch() {
```

```
        router.back();
    }.
}
```

基于stage模型下的Ability开发，实现FormExtension卡片的创建与使用，具体流程如图4-12所示。

图4-12　卡片事件过程图

4.3.4.2　卡片操作的高级技巧

在操作服务化卡片的过程中，开发者可以考虑以下几种高级技巧：

（1）异步编程。

HarmonyOS网络编程支持异步编程模型，异步编程可以在处理网络请求时避免阻塞主线程，使用多线程技术来处理多个客户端请求，提高程序的并发性，从而提高应用程序的性能和响应速度。但是，多线程编程也涉及线程间的同步和资源竞争等问题，需要合理地设计线程间的通信和协作机制。异步编程技巧包括使用协程、事件驱动编程、回调函数等方法，充分利用HarmonyOS的异步IO特性，实现高效的网络通信，以及对多个服务器的网络负载均衡。

（2）安全加固。

网络通信中的数据传输可能涉及敏感信息，如何保护数据的隐私安全是网络编程中的一个重要问题。数据加密可以保障数据的安全性，防止数据被窃取或篡改。HarmonyOS网络编程高级技巧包括对网络通信进行加密、认证、权限控制等安全措施，同时在网络传输中进行数据压缩，有效保护用户的隐私和数据安全，防止遭受网络攻击和数据泄漏。

（3）优化性能。

HarmonyOS网络编程高级技巧使用了连接池、数据压缩、缓存策略等技术的优化网络通信性能方法，系统通过使用批量数据传输，将多个小的网络请求合并为一个大的网络请求，减少网络请求的次数，从而降低网络传输的开销。系统采用内存缓存或者磁盘缓存来存储已经获取的数据，避免重复的网络请求，同时合理选择数据传输的格式，可以减少数据传输的大小和传输时间。开发者可以使用二进制格式代替文本格式，以及使用压缩格式，如Protobuf或MessagePack等，从而减小数据传输的开销，减少网络传输的延迟和带宽占用，提高应用程序的性能和用户体验。

（4）多协议支持。

HarmonyOS网络编程支持多种网络协议，包括TCP、UDP、HTTP、Websocket等。高级技巧涉及多协议的选择和使用，需要在实时通信、数据传输、远程控制中灵活切换。当网络传输大量数据时，系统可以使用增量更新的方式，只传输变化的部分数据，从而减少传输的数据量，提高网络传输效率。

（5）错误处理和容错机制。

网络通信的过程中可能会遇到各种错误和异常情况，如网络中断、连接超时、服务器故障等。HarmonyOS网络编程高级技巧需要考虑错误处理和容错机制，利用重试、回退、恢复等操作来处理网络错误，保障应用程序的稳定性和可靠性。

值得注意的是，网络编程是一个复杂的领域，正在不断发展和演变，上文所讲述的HarmonyOS网络编程只是冰山一角，实际上还有许多的技术和方法可以用于优化网络编程性能，具体的选择和使用需要根据实际场景和需求进行。在网络编程中，对这些技巧进行深入探讨和论证，开发者不仅需要关注上文提到的网络通信性能的可靠性和安全性，还要关注实际应用和案例分析并匹配到实际项目或场景中来优化网络通信性能，从而验证研究成果的有效性。

在未来的研究中，开发者们将进一步深入探讨HarmonyOS网络编程高级技巧，包括但不限于HarmonyOS的网络编程模型的优化、网络安全的技术研究、网络编程中的异构网络通信、网络编程中的性能优化策略、网络编程中的错误处理和容错机制等。HarmonyOS网络编程高级技巧的研究对于提高HarmonyOS在网络通信方面的应用能力具有重要意义，有助于为未来智能互联时代赋能。

课后习题

一、选择题

1. Stage模型可以分为UIAbility组件和ExtensionAbility组件两大类（　　　）

    A．正确　　　　　　　　　　　B．错误

2. （多选）Ability的生命周期包括以下哪种状态（　　　）

    A．Create　　　　　　　　　　B．Foreground

    C．Background　　　　　　　　D．Destroy

3. 在HarmonyOS中，哪种技术可以实现异步网络通信（　　　）

    A．HttpURLConnection　　　　B．OkHttp

    C．WebSocket　　　　　　　　D．局域网直连

4. HarmonyOS中的网络请求框架OkHttp的特点是（　　　）

    A．简单易用，轻量级

    B．支持HTTP和HTTPS协议

    C．提供丰富的网络请求功能和扩展性

    D．所有选项都是正确的

5. HarmonyOS中的WebSocket协议主要用于（　　　）

    A．实现实时双向通信　　　　　B．加密网络通信

    C．缓存网络请求数据　　　　　D．监测网络状态变化

6. 在HarmonyOS中，局域网直连技术的主要限制是（　　　）

    A．仅限于局域网内的设备通信

    B．需要依赖云服务器进行数据中转

    C．无法实现异步通信

D. 只能用于文本数据的传输

7. HarmonyOS中的网络安全技术主要用于（　　　）

A. 加密和保护网络通信数据　　　　B. 提高网络连接速度和稳定性

C. 监测和评估网络质量　　　　　　D. 实现局域网直连通信

二、实践题

1. 试一试在一个文件下写两个@Entry是否会报错。

2. 试一试在其他页面是否可以存在@Entry。

3. 试一试没有被@Entry装饰的组件是否可以被@Entry调用。

4. 若删除@State装饰器，修改其原修饰的变量，观察预览器中的数据是否改变。

5. HarmonyOS能适配多种设备形态的操作系统。如果HarmonyOS应用程序开发人员在开发应用程序过程中全部使用px像素单位，当应用程序安装在不同分辨率屏幕的设备上时，可能会出现什么样的问题？

6. 通过组件的具体学习，基础版页面样式可以怎样优化？

7. 什么是HarmonyOS中的异步网络通信？请描述异步网络通信的优势，并提供一个示例代码片段。

第五章
应用程序安全

应用程序安全的含义可以定义为很多种，概括性地说就是保证数据的机密性、完整性和可用性，在此基础上又可以分为以下三个大方向。

一是密码学。密码学是研究如何在通信和计算过程中保护信息的科学和技术领域，涵盖了开发和分析各种加密算法、协议和技术，以确保数据在传输和存储过程中的保密性、完整性和认证性。它主要涉及的是密码算法、隐私协议的设计与实现，可以称为信息安全的一大基石。

二是系统安全和网络安全。系统安全是指通过采取一系列技术、措施和策略来保护计算机系统及其相关资源免受未经授权的访问、恶意攻击、数据泄露、破坏和其他安全威胁的科学和实践。系统安全旨在确保计算机系统的稳定性、可靠性、机密性、完整性和可用性，以保护系统中的数据、软件、硬件和网络免受各种风险和威胁的影响，主要涉及软件安全、操作系统安全等。我们常说的软件漏洞、系统漏洞就属于这个范畴内。网络安全，通常指计算机网络的安全。网络安全主要涉及信道安全、Web系统安全等。

三是内容安全。内容安全的重要性近几年才被重视，主要涉及大数据安全、隐私保护、人工智能安全等。采取一系列措施和技术，保护数字内容免受未经授权的访问、不当使用、侵犯版权、色情、暴力、仇恨言论、虚假信息等不良因素的影响。内容安全旨在确保互联网和其他数字平台上的内容合法、健康、安全，以维护用户的权益和创造积极的用户体验。

5.1 应用程序安全概述

　　HarmonyOS引入了全新的微内核设计，以增强安全性并缩短延迟。该微内核设计的目标是简化内核的职责，将尽可能多的系统服务移到内核外的用户模式下，并提升彼此之间的安全隔离。在微内核的层面，只提供线程调度和进程间通信（IPC）等最基本的服务。

　　HarmonyOS的微内核设计在可信执行环境中采用了形式验证方法，从头开始塑造安全性和可信度。形式验证方法是一种有效的数学方法，用于从源头验证系统的正确性。与传统的验证方法（如功能验证和黑客攻击模拟）不同，形式验证方法能够覆盖所有应用程序的运行路径，确保其安全。

5.1.1 安全等级

　　作为首个在设备可信执行环境中采用形式验证方法的操作系统，HarmonyOS显著提升了操作系统的安全性。此外，由于HarmonyOS微内核的代码规模远小于其他操作系统（仅约占Linux内核代码量的千分之一），它的受攻击面大大减小。

　　HarmonyOS采用了微内核架构，自然无需Root权限，同时从源头上提升了系统的安全性，实现了细粒度的权限控制。微内核的关键优势在于每个单独的功能模块都可以被独立加锁，从而防止一把钥匙开启所有门的情况。另外，外部核心的互相隔离也增加了系统的安全性，提高了运行效率。从全球最具权威的安全机构的评估来看，目前其他的操作系统通常仅能够达到2到3级的安全等级，而HarmonyOS能够达到最高的5级和5+级别。这标志着HarmonyOS是目前安全性最高的操作系统之一。

安全等级的具体划分标准可能因国家、组织和应用场景的不同而有所差异。一般来说，2级和3级的安全等级通常会涉及较高的安全要求和措施。以下是一些可能使操作系统被划分为2级和3级安全等级的特征。

5.1.1.1　2级安全等级

（1）基本安全功能。操作系统应具备基本的安全功能，如用户认证、访问控制、文件权限管理等。

（2）网络安全。操作系统应能够保护系统免受网络攻击，包括有限的防火墙和入侵检测功能。

（3）漏洞修复。对已知漏洞的修复应该及时，可以发布安全补丁来保护系统免受已知漏洞的威胁。

（4）应用程序隔离。操作系统应具备一定程度的应用程序隔离，以防止恶意应用程序对其他应用程序的影响。

（5）数据加密。对于敏感数据，操作系统应提供基本的加密功能，确保数据在传输和存储中的安全性。

5.1.1.2　3级安全等级

（1）高级访问控制。操作系统应具备更细粒度的访问控制，允许管理员对不同用户和应用程序的权限进行更精细的管理。

（2）安全审计和监控。操作系统应具备安全审计和监控功能，记录系统活动并及时检测异常行为。

（3）加密标准。敏感数据的加密应该采用更强大的加密标准，以提高数据的保护水平。

（4）物理安全性。操作系统应具备更严格的物理安全措施，以保护设备免受未经授权的物理访问。

（5）应用程序审核。应用程序在上架之前应经过更严格的安全审核，以确保应用程序不会带来安全风险。

（6）安全认证。HarmonyOS可能需要通过更严格的安全认证标准，以验证其满足更高的安全要求。

HarmonyOS主要通过安全功能和特性、漏洞管理和修复、安全认证和合规性、物理安全性、网络安全和应急响应能力等方面进行系统安全等级划分。

5.1.2 合适使用

在装载HarmonyOS的分布式终端上，确保了"合适的个体，透过适当的设备，适宜地使用数据"。HarmonyOS通过"分布式多端协同身份认证"来验证"合适的个体"；通过"在分布式终端上构建可信任的运行环境"来保障"适当的设备"；通过"在分布式终端之间流动的数据进行分类分级管理"来确保"适宜地使用数据"。

5.1.2.1 合适的个体

在分布式终端场景中，"合适的个体"是指经过身份验证的数据访问者和业务操作者。确保用户数据不受非法访问和隐私不被泄露是至关重要的。HarmonyOS通过以下三个方面来实现协同身份认证：

（1）零信任模型。

HarmonyOS采用零信任模型，以实现用户认证和数据访问控制。在需要跨设备访问数据资源或执行高安全等级的业务操作时，系统会对用户进行身份认证，以确保其身份的可信度。

（2）多因素融合认证。

通过用户身份管理，HarmonyOS将不同设备上标识同一用户的认证凭据关联起来，以标识唯一用户，从而提高认证的准确性。

（3）协同互助认证。

HarmonyOS将硬件和认证能力解耦，使得信息采集和认证可以在不同的设备上完成。这样做不仅实现了不同设备资源的汇集，还能够实现能力的互助与共享。这意味着高安全等级的设备可以协助低安全等级的设备完成用户身份认证。

因此，HarmonyOS通过零信任模型、多因素融合认证和协同互助认证等手段，保证了在分布式终端环境下，只有合适的个体能够访问数据，从而维护了数据的安全性和用户的隐私。

5.1.2.2 适当的设备

在分布式终端的环境下，HarmonyOS需确保用户使用的设备既安全又可信，使用户的数据在虚拟终端上得到有效的保护，HarmonyOS采取以下三种必要的措施来避免用户隐私的泄露：

（1）安全引导。

确保每个虚拟设备运行的系统固件和应用程序的完整性和未被篡改。通过安全引导，各个设备制造商的固件包不易被恶意程序替换，从而保护用户的数据和隐私安全。

（2）可信执行环境。

HarmonyOS提供了基于硬件的可信执行环境，用于安全存储和处理用户的敏感个人数据，确保数据不外泄。由于不同分布式终端的硬件安全能力不同，使用高安全等级的设备来存储和处理用户的敏感个人数据。通过使用基于数学可证明的形式化开发和验证的可信执行环境微内核，HarmonyOS获得了商用操作系统内核CC EAL5+的认证评级。

（3）设备证书认证。

HarmonyOS支持为具备可信执行环境的设备预置设备证书，以向其他虚拟终端证明其安全能力。对于支持TEE的设备，通过预置PKI（Public Key Infrastructure）设备证书来证明其合法制造。设备证书在制造过程中进行预置，设备证书的私钥安全地存储在可信执行环境中，仅在可信执行环境内部使用。在需要传输用户的敏感数据时，如密钥或加密的生物特征信息，HarmonyOS将使用设备证书进行安全环境验证，然后建立从一个可信执行环境到另一个可信执行环境的安全通道，实现数据的安全传输。

5.1.2.3 适宜地使用数据

在分布式终端环境下，HarmonyOS有责任确保用户对数据的合理使用。HarmonyOS以完整的生命周期保护为依据，围绕数据的生成、储存、使用、传输以及销毁等环节，以确保个人数据、隐私和系统机密信息（如密钥）的不泄露。

（1）数据生成。

根据数据所在国家或组织的法规和标准，HarmonyOS对数据进行分类和分级，并根据不同级别设置相应的保护水平。对于每个保护级别的数据，从生成开始，其在整个存储、使用和传输过程中都会依照相应的安全策略提供不同强度的保护。通过虚拟超级终端的访问控制系统，数据只能在能够提供足够安全防护的虚拟终端之间进行存储、使用和传输。

（2）数据存储。

通过将数据的安全级别区分开来，HarmonyOS将数据存储于不同安全防护能力的区域，以保障数据的安全。此外，系统还提供跨设备无缝流动和跨设备密钥访问控制能力，确保密钥在整个生命周期内流动，支持分布式多端协同身份认证和数据共享等业务。

（3）数据使用。

通过硬件上的受信任执行环境，用户的敏感数据只在分布式虚拟终端的可信执行环境内使用，从而保证数据的安全性和隐私不被泄露。

（4）数据传输。

为保障数据在虚拟超级终端间的安全流转，HarmonyOS建立了信任关系，即通过账号为多个设备建立了配对关系。在验证了信任关系后，系统能够建立安全连接通道，按照数据流动规则进行数据传输。在设备间通信时，基于设备的身份凭据对设备进行身份认证，并在此基础上建立加密传输通道，以确保传输的安全性。

（5）数据销毁。

HarmonyOS遵循"销毁密钥即销毁数据"的原则。数据存储在虚拟终端上是基于密钥而执行的，因此销毁相应的密钥就等于销毁了数据。

5.1.3 安全措施

HarmonyOS的分布式操作系统，旨在实现各种设备的智能互联。在HarmonyOS中应用程序通过鸿蒙能力开放平台（HarmonyOS Ability）进行开发和管理，为了确保应用程序的安全性，HarmonyOS采取了多种安全措施，包括以下七种：

5.1.3.1 安全沙箱

HarmonyOS使用安全沙箱技术，将应用程序限制在一个隔离的环境中运行，以防止恶意应用程序对系统造成伤害。该技术可以限制应用程序的权限、访问范围和资源使用，避免应用程序通过漏洞攻击系统。

安全沙箱并非仅限于浏览器，它利用操作系统所提供的技术，在系统外部建立了一道防护屏障，用于屏蔽内部系统权限，仅进行特定处理，并通过进程间通信方式传递消息。

浏览器中的安全沙箱主要托管渲染线程。实际上，所有涉及I/O（输入/输出）操作、文件读取、资源请求、用户交互等操作都是首先通过主线程通知渲染线程，渲染线程随后做出对应的渲染反应。以鼠标拖动为例，当I/O接收到鼠标操作指令时，会反馈给浏览器的主线程。主线程根据情况将渲染请求传递给沙箱内的渲染线程，渲染线程按照主线程的指示，在指定位置绘制移动的鼠标样式。类似地，当我们调用cookie时，也需要事先通知浏览器的主线程，主线程执行完增、删、改、查等操作后，再将结果返回给渲染进程。

然而，实际情况要复杂得多。为了实现安全沙箱，涉及大量的协商和沟通过程时，需要多个线程协同工作。虽然安全沙箱的存在可能会给浏览器带来一些不便，但它是非常有必要的。它的存在确保了内部系统的安全性，防止恶意操作和外部干扰，维护整体的系统稳定性和用户隐私。

一般情况下，安全沙箱可以分为两类，一类是应用类沙箱，一类是系统类沙箱。

（1）应用类沙箱。

主要做文档检测和浏览器的模拟。文档检测是模拟文档加载环境，监视文档的加载过程，识别危险的调用程序。浏览器模拟是模拟浏览器的运行环境，分析所有浏览器的行为并识别危险行为。

（2）系统类沙箱。

系统类沙箱主要做系统模拟。系统模拟是模拟真实的操作系统，比如模拟

Windows操作系统、Linux系统等；程序运行所调用的API；系统识别哪些API是危险调用，进行行为技术分析。

①浏览器安全沙箱工作原理。

浏览器安全沙箱工作原理如图5-1。浏览器的构架被划分为两个核心组件，即浏览器内核和渲染内核。其中，浏览器内核由网络进程、浏览器主进程和图形处理单元（Graphics Processing Unit，GPU）进程组成。

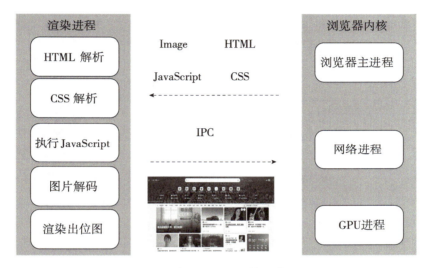

图5-1　浏览器安全沙箱工作原理

所有网络资源均由浏览器内核进行下载，下载完成后，进程间通信将资源传递给渲染进程。随后，渲染进程会进行解析和绘制等操作，最终生成一张图像。值得注意的是，渲染进程不负责图像在界面上的显示，而是将生成的图像交还给浏览器内核模块，由该模块负责呈现图像。

②需要安全沙箱的原因。

由于渲染进程需要执行DOM解析、CSS解析、网络解码等操作，如果在渲染进程中存在系统级漏洞，恶意站点有可能借此获得渲染进程的控制权，进而威胁到操作系统的控制权，这对用户来说构成严重威胁。

鉴于网络资源的多样性，浏览器默认视所有资源为不受信任、不安全的。但无法保证浏览器不存在漏洞，一旦漏洞出现，黑客可以利用此漏洞攻击用户。因此，我们将渲染进程置于安全沙箱内，即便黑客攻击浏览器，仍无法获取渲染进程以外的操作权限。

③安全沙箱下的功能划分。

安全沙箱将最小的保护单元定为进程，并限制其对操作系统资源的访问和修改。这意味着，若要在特定进程中应用安全沙箱，该进程不能拥有读写操作系统资源的能力，例如读写本地文件、发起网络请求、调用图形处理单元接口等。安全沙箱功能的划分如图5-2所示。

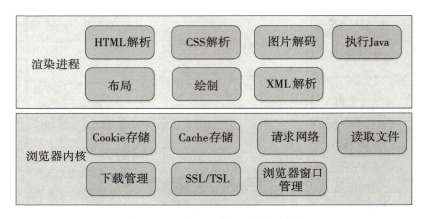

图5-2　安全沙箱功能划分图

因为渲染进程受到安全沙箱的限制，它无法直接与操作系统进行交互。为了弥补这一限制，在浏览器内核中实现了一系列与操作系统交互的功能，包括持久存储、网络访问和用户交互等。然后，通过进程间通信与渲染进程进行交互，系统实现了跨越沙箱边界的信息传递。

5.1.3.2　权限管理

HarmonyOS对应用程序的权限进行了细粒度的管理，确保应用程序只能访问其需要的资源，如照片、联系人等。用户可以通过设置权限控制应用程序的访问权限，避免应用程序恶意访问用户隐私信息。

5.1.3.3　安全启动

HarmonyOS通过安全启动技术确保系统启动过程的安全性，避免有恶意代码在系统启动时被注入。

5.1.3.4 **安全更新**

HarmonyOS采用动态升级技术，使得系统可以在线升级，从而及时修补已知的安全漏洞。该技术可以减少系统漏洞被攻击者利用的时间窗口，提高系统的安全性。

5.1.3.5 **加密保护**

HarmonyOS通过加密技术保护用户数据的安全，防止敏感信息泄露。

5.1.3.6 **安全验证**

HarmonyOS使用数字签名和验证技术，确保应用程序的完整性和可信性。系统会检查应用程序的数字签名，防止应用程序被篡改或替换为恶意程序。

5.1.3.7 **安全审计**

HarmonyOS记录和监控应用程序的操作行为，当应用程序存在异常行为时，可以及时进行响应和处理，降低安全漏洞被利用的风险。

5.1.4 安全审计

HarmonyOS实现安全审计的方式有多种，以下是其中一些常用的方法：

（1）安全日志记录。

HarmonyOS可以通过记录系统的安全日志来追踪和记录系统的安全事件。安全日志记录包括对系统事件、错误事件和安全事件等的记录，系统通过对安全日志进行分析可以及时发现和处理安全事件。

（2）安全事件监控。

HarmonyOS可以通过实时监控系统的运行状态和网络通信情况，发现异常行为并进行记录。如监控系统进程的启停情况、检测系统文件的变化等。

（3）安全漏洞扫描。

HarmonyOS可以通过扫描系统中存在的漏洞来发现潜在的安全威胁，从而及时修复漏洞，提高系统的安全性。

（4）安全审计工具。

HarmonyOS可以使用一些专业的安全审计工具来进行安全审计，如Nmap、Nessus等。这些工具可以帮助系统管理员检测网络安全漏洞、弱密码等安全风险，并提供详细的报告。

无论采用哪种方法，HarmonyOS的安全审计都需要建立一个完善的安全策略体系，并严格按照安全审计标准执行和记录。同时，HarmonyOS还需要不断更新和优化安全策略，保证系统的安全性得到最大限度的保障。

总之，HarmonyOS为用户提供了全面的应用程序安全保险，同时也在不断地更新和改善安全措施以应对不断变化的安全威胁。HarmonyOS安全保障如图5-3所示。

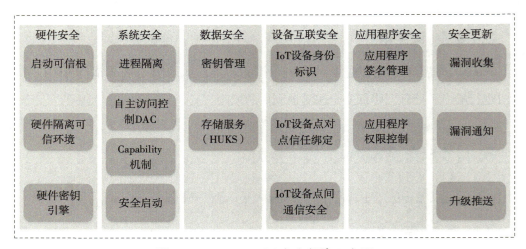

图5-3　HarmonyOS安全保障示意图

5.1.5　硬件安全与软件安全

5.1.5.1　硬件安全

5.1.5.1.1　硬件安全保障

HarmonyOS对硬件安全提供了保障，主要包括以下三个方面：

（1）安全启动。

HarmonyOS使用可信启动技术，确保系统启动过程中各个环节的安全性。该技术使用数字签名和硬件根密钥保护启动代码和系统配置，避免在系统启动过程中被注入恶意代码。

（2）安全芯片。

HarmonyOS支持安全芯片技术，该技术通过硬件保护机制，确保敏感数据和密钥在设备中得到充分的保护，避免被未授权的应用程序或攻击者获取。

（3）安全通信。

HarmonyOS支持传输层安全（Transport Layer Security，TLS）协议，保证设备与服务器之间的通信是加密和安全的，避免信息被窃听或篡改。

TLS协议是一种用于保护网络通信安全的加密协议。它的前身是安全套接层（Secure Sockets Layer，SSL）协议，由于存在安全漏洞，因此被TLS取代。TLS协议的作用是在网络传输层提供加密、认证和完整性保护，以确保数据在传输过程中不被窃听、篡改或伪造。TLS协议通常用于保护Web浏览器与服务器之间的通信，如在进行网上银行、在线购物等交易时使用。TLS协议是一种公开标准，被广泛应用于互联网和其他计算机网络中。

TLS协议分为TLS记录协议和TLS握手协议两大组，每组涵盖多种信息格式。TLS记录协议是一种层级协议，每层信息可能包含长度、描述和内容等字段。此协议支持信息传输、将数据分块处理、数据压缩、MAC应用程序、加密以及结果传递等操作。接收方会进行解密、校验、解压缩、重组等处理，然后将数据传递给更高层的客户端。而TLS握手协议则由三个子协议组成，它们允许双方就记录层的安全参数达成一致，自我认证，商定安全参数，以及报告错误条件。

TLS连接状态定义了TLS记录协议的操作环境，包括了压缩算法、加密算法和MAC算法。TLS记录层能够接收来自更高层的任意大小的连续数据块。此外，TLS记录协议会通过算法从TLS握手协议提供的安全参数中生成密钥、初始化向量（IV）和MAC密钥。TLS安全连接如图5-4所示。

图5-4　TLS安全连接步骤图

TLS的最大优势在于其与应用协议的独立性。高层协议可以透明地叠加在TLS协议之上。尽管TLS标准没有明确规定如何在TLS上增加应用程序的安全性，但它将如何启动TLS握手协议及如何解释认证证书的交换，留给了协议设计者和实现者来决定。

当在浏览器中访问一个使用HTTPS协议的网站时，浏览器会与该网站的服务器建立一个安全的TLS连接。这个连接是由多个步骤组成的：

①握手阶段。

客户端向服务器发送一个"Client Hello"消息，其中包含一些关于客户端支持的加密算法、TLS版本号、随机数等信息。服务器回复一个"Server Hello"消息，其中包含服务器选择的加密算法、TLS版本号、另一个随机数等信息。

②验证证书。

服务器向客户端发送一个数字证书，该证书包含服务器公钥和证书颁发机构的签名。客户端使用颁发机构的公钥来验证证书的真实性，并提取服务器公钥用于后续数据加密。

③密钥协商。

客户端向服务器发送一个"Pre-Master Secret"，该密钥是使用服务器公钥加密的，因此只有服务器可以解密它。服务器和客户端使用自己的随机数和"Pre-Master Secret"计算出一个"Master Secret"密钥，用于后续的数据加密和解密。

④加密通信。

一旦完成密钥协商，服务器和客户端就可以使用共享的"Master Secret"密钥进行对称加密和解密，以保护后续的通信数据。

TLS协议提供了多种加密算法和密钥长度的选项，以满足不同安全需求的场景。除了加密数据外，TLS协议还提供了数据完整性校验和身份认证等功能，以确保通信双方的身份和通信数据的完整性。

总之，TLS协议是一种用于保护网络通信安全的加密协议，可用于保护网上银行、在线购物、社交网络等许多场景中的通信数据。

5.1.5.1.2　硬件安全加固

HarmonyOS使用二进制混淆和二进制随机化等技术对系统内核进行加固，使得攻击者难以对系统的漏洞进行利用和攻击。

（1）二进制混淆技术。

二进制混淆技术是一种通过修改二进制代码的方法，使得程序的运行过程更加难以理解和分析。它可以改变程序的控制流程、指令序列、变量名、常量值等特征，从而增加对程序的分析难度。在软件安全领域中，二进制混淆技术通常被用来保护软件的知识产权、防止逆向工程、减少漏洞攻击等。

二进制混淆技术的实现方法非常多样化，下面列举四种比较常见的技术：

①控制流混淆。

通过修改程序的控制流程来使程序更加复杂和难以理解。如插入无用代码、增加条件语句等。

②指令替换。

将程序中的某些指令替换成功能等效的指令，从而增加代码的难度。如将一条MOV指令替换成多条ADD和SUB指令等。

③数据混淆。

修改程序中的数据变量，使得它们的真实含义更加难以理解。如加密常量值或者将变量名替换成随机的字符串。

④反调试。

添加代码来检测程序是否正在被调试。如果被检测到，则程序会采取相应的行动，如自我终止或者改变程序的行为。

总的来说，二进制混淆技术在软件安全领域中有着非常重要的作用。它可以有效地防止恶意攻击者对程序进行逆向工程和破解，从而保护软件的安全和稳定性。

（2）二进制随机化技术。

二进制随机化技术是一种通过随机化二进制代码来增强程序的安全性的技术。它可以将程序在内存中的布局和地址随机化，从而使攻击者难以预测程序的行为和位置。通过这种方式，系统可以有效地降低遭遇漏洞攻击的风险，增强程序的安全性。

二进制随机化技术主要可以分为以下四种类型：

①地址空间布局随机化（ASLR）。

随机化程序在内存中的地址布局，使得攻击者难以确定代码、数据和堆栈的位置。这种技术可以有效地防止缓冲区溢出攻击。

②函数指针随机化。

将程序中的函数指针随机化，使得攻击者无法准确地预测函数指针的位置和值。这种技术可以防止攻击者使用函数指针劫持技术。

③指令集随机化。

随机化程序中的指令序列，使得攻击者无法准确地预测程序的执行路径。这种技术可以有效地防止恶意代码注入和恶意代码执行攻击。

④数据随机化。

随机化程序中的数据值，使得攻击者无法准确地确定数据的位置和值。这种技术可以防止攻击者利用程序中的敏感数据进行攻击。

总的来说，二进制随机化技术可以有效地提高程序的安全性，减少漏洞攻击的风险。但需要注意的是，二进制随机化技术并不能完全解决安全问题，攻击者仍然可以使用其他手段对程序进行攻击。因此，二进制随机化技术通常与其他安全措施一起使用，才能提高程序的整体安全性。

5.1.5.1.3　硬件安全组成

硬件安全方面，主要由硬件密钥引擎、启动可信根、硬件隔离可信环境三个部分组成。

（1）硬件密钥引擎。

硬件密钥引擎也称为安全芯片（Secure Element），具备密码运算、安全储存密钥和生成物理真随机数等能力。其计算能力和功耗较低，同时能够抵御功耗攻击、电磁辐射等侧信道攻击。在安全芯片内，通常还包括一个操作系统COS（Chip Operating System），使其能够执行一些基本的安全运算。举例来说，像华为的高端手机以及一些中端手机都内置了安全芯片，以达到金融支付级别的安全标准。在这一领域，恩智浦半导体公司、英飞凌科技公司等公司表现出色。国内也涌现出了一些具备相关技术积累的企业，如北京华大信安科技有限公司、上海复旦微电子集团股份有限公司等。由于安全芯片的特殊需求，其工艺水平通常不会过高（最大40 nm），因此在受芯片制裁方面的影响相对较小。

（2）启动可信根。

为保证HarmonyOS启动的安全性和可靠性，启动可信根是最常见的方式。HarmonyOS启动可信根（Trusted Root）是指系统启动时最先加载的固件或软件，这些固件或软件具有较高的可信度。具体来说，HarmonyOS的启动可信根包括以下两部分内容：

①引导程序。

引导程序即Bootloader，是系统启动的第一道关卡，它负责初始化硬件和加载操作系统内核，具有较高的可信度和安全性。

②可信执行环境。

可信执行环境是一种安全的执行环境，独立于操作系统和应用程序，可以保护系统和数据的安全性。在HarmonyOS中，可信执行环境可以用于实现一些安全关键的功能，如安全支付、安全认证等。

通过在系统启动时加载可信根，HarmonyOS可以保证系统启动的安全性和可靠性，防止系统被恶意攻击和篡改，同时也为后续的安全机制和功能提供了可信基础。HarmonyOS启动可信根不仅属于硬件安全范畴，也属于系统软件安全的范畴。它涉及系统启动的第一步，即硬件和固件的初始化和加载过程，这些都是系统启动的基础和关键。同时，启动可信根的安全性和可信度可直接影响系统后续的安全机制和功能。

因此，在HarmonyOS中，启动可信根的设计和实现需要考虑硬件和软件的安全性，包括芯片的安全保护机制、固件和软件的安全验证和加密等方面。只有在硬件和软件安全性都得到保障的情况下，系统才能确保启动的安全性和可靠性。

以一个例子来说明，我们常用的个人电脑（PC）通常都会配备可信平台模块（Trusted Platform Module，TPM），用于实现安全启动。其主要功能在于确保操作系统启动时的安全性（如保证启动过程中没有遭到病毒篡改数据）。通常TPM通过内置一个安全模块（如上文提到的安全芯片）或者直接嵌入ROM中来实现。这个安全模块中会存储证书、签名以及哈希校验值等信息，用以验证启动过程的完整性。

（3）硬件隔离可信环境。

硬件隔离可信环境是指系统通过物理隔离的方式，将计算机系统中的一部分硬件资源和软件环境划分出来，建立一个相对独立、安全可信的运行环境。这个环境被称为可信环境，通常由一个或多个处理器、存储器、网络接口、安全芯片等组成，它具有独立的操作系统、应用程序和安全策略。可信环境中的资源具有严格的安全策略和控制，只允许受信任的实体进行访问和操作。

硬件隔离可信环境通常用于保护重要的数据和应用程序，如金融、政府、军事等领域的敏感数据和应用程序。在这些环境中，安全性和可信度是非常重要的，因为它们直接关系到国家安全和社会稳定。硬件隔离可信环境可以有效地防止恶意攻击者通过安全漏洞、恶意代码等方式对系统进行攻击和篡改，从而保证系统的安全和可靠性。

硬件隔离可信环境的实现方式非常多样化，包括基于物理隔离的硬件隔离、基于虚拟化技术的隔离、基于容器化技术的隔离等。在这些实现方式中，硬件隔离技术是最基础，也是最重要的一种。硬件隔离技术通常通过物理隔离、内存隔离、输入输出隔离等方式来保护可信环境，从而确保系统的安全和稳定性。

实际中有许多例子展示了硬件隔离技术的应用，如ARM的TrustZone和Intel的SGX等。一般来说，这些技术在芯片内划分了独立的区域，与其他部分隔离，只保留了安全通信的接口。尽管这种方法的安全性不及专门的安全芯片高，但仍能提供较高的隔离环境。据说HarmonyOS最初就应用了这种方式，将技术运用于可信执行环境中，因此进行形式化验证也是合理的。

硬件安全解决方案已经相当成熟，硬件隔离技术是其他安全技术的基石。例如，手机可以搭载安全芯片和可信执行环境，而个人电脑可以使用SGX和TPM。然而，对于资源有限的物联网设备，也存在一些问题：一是物联网芯片通常不具备可信执行环境功能；二是增加安全芯片会带来成本和功耗的增加；三是将证书、公钥、哈希值等写入不可写区域后，难以进行后续更新，存在潜在风险。此外，由于无法安全地存储私钥信息，密钥管理变得复杂。

以网络犯罪为例，黑客正积极寻找新的安全威胁技术来入侵系统。在这种情况下，系统不仅需要发现并修复漏洞，还需要学会预测和预防新的威胁攻击。物联网设备的安全性挑战是持久的。现代云服务利用威胁情报来预测安全问题，还有一些其他技术，如基于人工智能的监控和分析工具。在物联网环境中调整这些技术是复杂的，因为连接的设备需要即时处理数据。

HarmonyOS采取了多种硬件安全措施，保证设备和用户数据的安全性，提高系统的可靠性和安全性。

（4）注意事项。

为确保HarmonyOS的硬件安全，需要注意以下五点：

①芯片安全保护机制。

HarmonyOS的安全性和可靠性需要依赖于硬件安全保护机制，因此芯片的安全保护机制至关重要。芯片应该支持安全启动、固件加密、内存隔离等安全特性，以保护系统的启动和运行。

②芯片和固件的可信度验证。

芯片和固件的可信度验证是保障硬件安全的重要手段，系统需要通过数字签名、安全芯片等技术对芯片和固件进行验证，确保它们来自可信来源，并且没有被篡改。

③硬件隔离和安全分区。

为了避免不同安全等级的应用程序和数据之间的干扰和攻击，HarmonyOS应该将不同的应用程序和数据隔离开来，并设置安全分区，以保证数据的安全性和隐私性。

④安全启动。

安全启动是保障系统安全性的重要环节，HarmonyOS需要在系统启动时对硬件和软件进行验证和加密，防止恶意攻击和篡改。

⑤硬件的安全更新。

为了修复已知漏洞和弥补安全缺陷，HarmonyOS应该支持硬件的安全更新，以确保系统的安全性和可靠性。

5.1.5.2　软件安全

5.1.5.2.1　软件安全技术手段

HarmonyOS采用了多种安全技术手段，包括安全开发和测试、安全认证和授权、安全沙箱机制、内存安全和数据加密以及安全更新和升级等，来保障系统和应用程序的安全性，提供更加可靠和安全的服务。

（1）安全开发和测试。

华为技术有限公司在软件开发和测试过程中，采用了严格的安全开发流程和安全测试机制，以便在软件开发和测试的过程中，能够及时地发现并修复潜在的安全问题。

（2）安全认证和授权。

HarmonyOS采用了安全认证和授权机制，对系统和应用程序进行安全验证和授权，确保只有经过授权的应用程序才能访问系统的敏感数据和功能。

（3）安全沙箱机制。

HarmonyOS使用了安全沙箱机制，将应用程序隔离在独立的沙箱环境中运行，防止应用程序对系统的其他部分进行恶意攻击或访问敏感数据。

（4）内存安全和数据加密。

HarmonyOS在内存管理和数据处理过程中，采用了多种加密算法和安全机制，确保系统和应用程序的数据安全，防止数据被窃取或篡改。

（5）安全更新和升级。

HarmonyOS通过安全更新和升级机制，可以及时修复已知的安全漏洞和问题，确保系统的安全性和稳定性。

5.1.5.2.2　注意事项

为确保HarmonyOS的软件安全，需要注意以下六点，如图5-5所示。

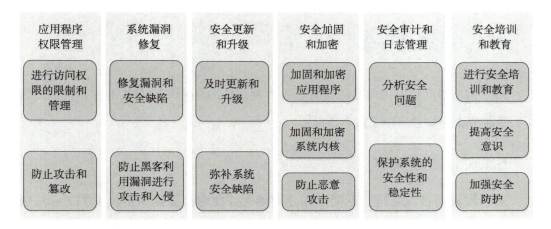

图5-5　HarmonyOS软件安全图

（1）应用程序权限管理。

应用程序权限管理是保障软件安全的重要手段，需要对应用程序进行访问权限的限制和管理，防止恶意程序对系统进行攻击和篡改。

（2）系统漏洞修复。

系统需要及时修复系统中的漏洞和安全缺陷，防止黑客利用漏洞进行攻击和入侵。

（3）安全更新和升级。

为了保障系统的安全性和稳定性，HarmonyOS应该及时更新和升级软件，以及时弥补系统安全缺陷。

（4）安全加固和加密。

应用程序和系统内核需要进行加固和加密，以增强软件的安全性和防止恶意攻击。

（5）安全审计和日志管理。

安全审计和日志管理可以帮助系统管理员发现安全问题并进行分析，从而更好地保护系统的安全性和稳定性。

（6）安全培训和教育。

企业要对系统管理员和开发人员进行安全培训和教育，提高安全意识，加强安全防护，从而保障系统的安全性和可靠性。

5.1.6 系统安全

对于128KB—128MB内存的设备，推荐使用HarmonyOS微内核组件，在该内核下，系统安全主要包括以下四个方面：

5.1.6.1 进程隔离

进程隔离的目的是防止不同进程之间读写彼此内存数据的情况发生。一般情况下，进程隔离技术采用虚拟地址空间映射的方式，通过内存管理单元（Memory Management Unit，MMU）的配置，将进程A的虚拟地址与进程B的虚拟地址映射到各自不同的实际物理地址段。当进程A通过访问虚拟地址来获取实际内存数据时，该数据只属于进程A，在非共享内存情况下，进程B无法直接访问这些数据。

在资源有限的OpenHarmony中，针对内核态和用户态进程，采取了不同策略。内核态进程共享单一虚拟内存管理（VMM）空间，即内核态进程之间无需隔离。系统启动时，生成两个基本内核态进程，分别是KProcess和KIdle。其中，KProcess作为根进程，KIdle作为KProcess的子进程。与此不同，每个用户态进程都拥有独立的虚拟内存空间，进程间相互隔离，不可见对方的内存。这种策略确保了内核态与用户态的分离，并对用户态进程的数据访问进行了限制。

5.1.6.2 自主访问控制

自主访问控制（Discretionary Access Control，DAC）是一种基于主体授权的访问控制模型，其中主体可以是用户、进程或其他任何实体。在DAC模型中，每个主体拥有对其所属的对象的访问控制权，主体可以根据自己的需求自主控制对对象的访问。这意味着每个主体都有权利授权其他主体对其拥有的对象进行访问或者禁止其他主体对其拥有的对象进行访问。

比如，在一个文件系统中，每个文件和目录都有一个所有者和一组访问控制列表（ACL），列出了允许或拒绝访问该文件或目录的用户或用户组。这些ACL条目允许文件所有者自主控制文件的访问权限，即授权其他用户或用户组访问该文件或禁止其他用户或用户组访问该文件。

在DAC模型中，访问控制决策基于主体的身份和对象的所有权，而不考虑其他因素，如上下文和策略。因此，DAC模型非常灵活，可以根据实际需求进行定制和调整，但也可能导致安全漏洞和授权问题的产生。比如，如果主体授予了过多的权限，可能会导致安全漏洞的出现，因为其他主体可以使用这些权限来访问敏感数据或执行危险操作。此外，由于DAC模型忽略了上下文和策略，可能会导致授权存在问题，如某些主体授予不恰当的权限或某些主体被错误地禁止访问特定对象。

为了解决这些问题，我们通常需要将DAC模型与其他访问控制模型（如RBAC和ABAC）结合使用，以实现更为灵活和安全的访问控制。如可以将DAC模型与ABAC模型结合使用，其中ABAC模型基于上下文和策略授权访问，以提供更精细的访问控制。

自主访问控制的核心理念在于由文件的拥有者来决定其他角色的访问权限。在权限管控方面，DAC将权限粒度分为三类：用户自身（User）、用户所在组（Group）、其他用户（Other），通常被简称为UGO。通过将任意用户归类于UGO中的某个角色，并相应地采取管控策略，DAC机制完成了权限的校验流程。

DAC机制建立在进程的uid（用户ID）和gid（组ID）等属性的基础上，这些属性在文件创建和访问过程中起到特征标识的作用。在文件创建时，文件的创建者会将自身的uid写入文件的属性中；而在文件访问时，这些属性则用来作为文件归属的分类标识。

每个应用程序都对应一个唯一的uid。当应用程序创建文件时，它会将自己的uid信息添加到文件的元数据中，并设置UGO三个组的权限。在文件访问过程中，系统会以访问者的uid作为主体，以文件元数据中的uid权限信息作为客体，进行权限校验。

在文件访问时，DAC的鉴权过程包括以下步骤：首先，系统会匹配进程的uid与文件的uid属性；其次，匹配进程的gid与文件的gid属性；最后，在前两者匹配都失败的情况下，系统会判断文件的其他属性是否支持进程的读、写和执行操作。此外，DAC还支持一组系统特权，允许特定权限的进程绕过权限检测机制，这些特权也被称为"能力"（Capability）。这种机制允许高权限角色（如系统服务）对低权限角色（如第三方应用程序）的文件进行管理。

5.1.6.3　Capability机制

Capability机制实际上是对root权限的细致划分。在多用户计算机系统中，通常会存在一个特殊的角色，即系统管理员（root），该角色拥有系统的全部权限。然而，对于像OpenHarmony这样支持第三方应用程序生态的内核，需要对系统中的特权访问进行精细管控。因此，系统必须限制用户层对内核特权级系统调用的访问，仅允许一部分高权限应用程序执行特权操作。

具体的实现方式是，内核启动时首先引导第一个用户程序INIT，该程序包含所有特权能力。然后，INIT会启动其他应用程序框架服务。在启动过程中，系统对各个应用程序框架进行适当的权限降低操作，保留了各应用程序所需的必要特权能力。当应用程序尝试调用特权接口时，内核会在内核态中通过进程ID检查当前访问者是否具备访问目标接口的权限。

5.1.6.4　安全启动

系统的安全启动是确保整个系统安全的基础。通过数字签名和完整性校验机制，系统从芯片内固化的可信启动根开始，逐级验证每一层软件的完整性和合法性，确保最终启动的操作系统软件是厂家提供的正确、合法软件，从而防止攻击者对系统软件进行恶意篡改和植入，为整个系统提供了一个安全的初始运行环境。

在芯片上电后，片上ROM代码由于不可更改性，无需进行校验。基于eFuse中的非对称算法公钥哈希，片上ROM对Bootloader进行校验。这些校验过程基于硬件信任根，因此是完全可信的。通过这些过程校验通过的Bootloader模块可以作为后续信任链的基础。Bootloader首先对执行环境进行初始化，主要涵盖DDR和flash读写的初始化，为后续模块加载和复杂逻辑执行做准备。Bootloader模块完成初始化操作后，对x.509证书进行完整性校验，并使用证书的公钥验证镜像包（如kernel.bin、teeOS.bin、rootfs.bin）的完整性。

自主访问控制和Capability机制用于控制资源访问权，建议遵循最小权限原则来设置权限。安全启动是必要的，信任根必须基于芯片的不可更改性存在。在进行安全升级时，系统应考虑安全升级对安全启动的影响，即安全升级后需要更新对应镜像文件的签名信息或哈希值，以维持安全性。

在HarmonyOS中，安全启动主要包括两个方面：一是UEFI Secure Boot技术，二是HarmonyOS自身的启动过程安全性。UEFI Secure Boot技术可以确保在计算机启动时，系统只会加载已经通过数字签名验证的启动程序和驱动程序，从而防止恶意软件和恶意驱动程序的入侵。此外，HarmonyOS自身的启动过程安全性则主要通过以下三种方式来保障：

（1）双重认证。

HarmonyOS通过数字证书对每个组件进行签名，确保每个组件都是可信的。同时，HarmonyOS还采用了两个证书对组件进行签名，分别由华为技术有限公司和第三方认证机构颁发，确保每个组件的身份得到双重认证。

（2）安全引导。

在系统启动过程中，HarmonyOS会验证各个组件的完整性和可信性，并记录启动过程中每个组件的哈希值。如果某个组件的哈希值与预期值不一致，HarmonyOS会停止启动并发出警报。

（3）安全存储。

HarmonyOS中的关键信息（如密钥、证书等）会被存储在安全的硬件模块中，以防止被恶意软件窃取或篡改。

通过以上多种安全措施，HarmonyOS能够在启动过程中确保每个组件的完整性和可信性，有效地防止了恶意软件和恶意驱动程序的入侵。同时，HarmonyOS还可以在启动过程中对各个组件进行动态验证和修复，进一步提升系统的安全性和可靠性。

5.1.7　数据安全

在硬件层面上，HarmonyOS采用了可信执行环境技术，这是一种基于硬件的安全技术，可以提供隔离和安全的运行环境。通过在处理器内部设置一块隔离的安全区域，系统可以防止恶意软件和攻击者获取关键数据。

在软件层面上，HarmonyOS采用了"Microkernel"架构，将操作系统内核拆分成多个小型的模块，每个模块都可以独立运行，同时保证系统的安全性和稳定性。此外，HarmonyOS还采用了加密技术、数据隔离、权限管理等多种安全措施，保证用户数据的安全。

HarmonyOS采用了多重安全机制，从硬件和软件两个层面保护用户的数据安全。同时，华为技术有限公司还承诺将严格遵守相关法律法规，保护用户的隐私和数据安全。HarmonyOS为密钥管理和存储服务提供了名为HUKS的软算法库。HUKS包括证书管理、密钥管理、安全存储以及密钥认证等功能。HarmonyOS支持多种加密算法，其中包括认证加密：AES-128/192/256-GCM；签名验签：ED25519；密钥协商：X25519；消息认证：HMAC-SHA256/512；数据摘要：SHA256/512。安全存储的可靠性依赖于安全介质，如安全芯片。

值得注意的是，HarmonyOS并未提供对国密算法（如SM1/SM2/SM3/SM4/SM9/ZUC等）的支持。在支持的算法中，仅有AES和SHA256属于国际算法。根据2020年颁布的《中华人民共和国密码法》，操作系统需要增加对其他国密算法的支持。

X25519和ED25519都是基于Curve25519（或等效的Twisted Edwards曲线）开发的加密算法，它们被广泛认为是最快的椭圆曲线加密算法。这些算法可以利用浮点运算进行加速，由于它们的数学结构特点，密钥大小较传统的ECC小很多（因为只涉及X轴），因此在物联网环境中表现出色。

当前在OpenHarmony上主要是提供密钥管理和安全存储服务，同时支撑HiChain（设备身份认证平台）的基础设备认证能力。以下是HUKS的功能结构图，如图5-6所示。

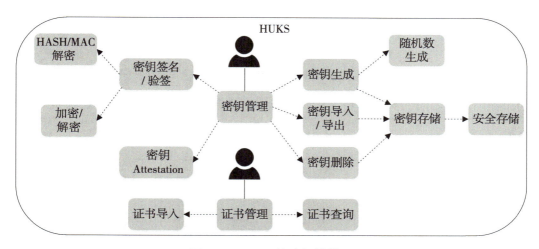

图5-6 HUKS的功能结构图

HUKS在使用中有如下约束：

（1）密钥安全存储。

密钥要求存储于安全存储区域，且数据不可以修改。此外，恢复出厂设置时出厂预置的密钥不能被删除。

（2）密钥访问安全。

OpenHarmony通过将不同应用程序数据保存在不同的位置，来实现应用程序间数据的隔离。系统通过参数结构体中包含UID和进程ID，来实现不同应用程序间的数据隔离。

（3）不支持并发访问。

HUKS本身不考虑多个应用程序同时调用的情况，因为HUKS只是一个lib库，也不考虑资源的互斥。如果有多个应用程序都会用到HUKS服务，那么应该由每个应用程序各自链接一份HUKS库，并由业务传入持久化数据存储的路径，以实现应用程序间的数据存储分开。数据存储在各应用程序各自存储目录下。

此外，对于设备认证功能，建议使用HiChain来对接HUKS，HUKS可以向HiChain等应用程序提供密钥的产生、导入、导出、加密/解密、存储、销毁，证书的导入和查询以及秘密信息的存储等能力。

5.1.8　设备互联安全

鸿蒙设备互联安全，是要求实现用户数据在设备互联的场景下，确保用户数据在各个设备之间的安全流转，从而实现用户数据的安全传输。设备互联如图5-7所示。

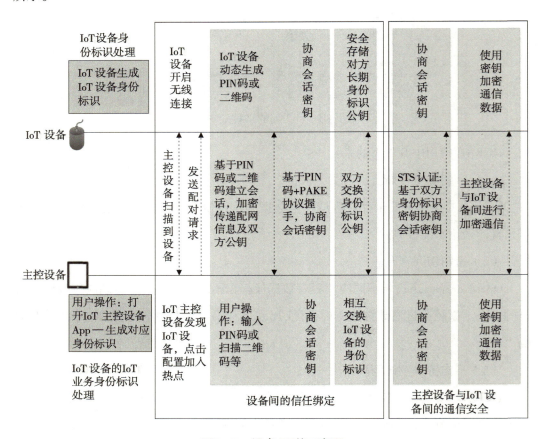

图5-7　设备互联示意图

5.1.8.1　绑定流程

（1）设备分别生成Ed25519密钥对。

（2）系统利用PIN码和PAKE（Password Authenticated Key Exchange）进行密钥协商，生成会话密钥。

（3）系统通过会话密钥加密彼此的公钥（也可以不用加密，只通过计算MAC密钥来验证公钥确实来自对方即可）。

（4）这里的身份标识公钥指的是（设备标识，公钥）的二元组。

5.1.8.2　通信流程

（1）通过公钥协商会话密钥。一般来说，系统会将初步协商的密钥进行密钥分散，分为加密密钥、MAC密钥等。

（2）系统使用会话密钥加密通信数据。

从上面描述的密码协议来看，通信流程没有明显的问题。系统通过手动输入PIN、扫描二维码、NFC（近场通信）触碰使得两个设备有了共同的密钥因子，这其实是一种脱机的方式。

5.1.8.3　问题

设备互联存在的一个问题，即PIN码和二维码必须是动态可变的，不能打印成图片贴在设备上。如果PIN码和二维码不是动态可变的就没有意义了，因为每次用的密钥因子是相同的。如果增加IBC（Identity Based Cryptography）的支持，可以省去交换公钥、会话密钥协商等过程，减少交互流程和通信量。不过这种方法带来的问题可能是运算成本的增加、密钥长度的增大，需要视具体情况取舍。

（1）IoT设备互联的安全性。

通过基于OpenHarmony的IoT设备（如智能家居设备、智能穿戴设备等）实现设备之间的互联时，能够建立点对点的信任关系。在设备之间建立信任后，可以确立安全的连接通道，从而实现用户数据的端到端加密传输。

（2）IoT主控设备的身份标识管理。

对于不同类型的IoT设备管理业务，IoT主控设备会生成不同的身份标识，以实现各个IoT管理业务之间的隔离。这些身份标识在IoT主控设备与各个IoT设备之间的认证和通信中发挥作用。为了实现这一目的，IoT主控设备采用了椭圆曲线公私钥对（Ed25519公私钥对）作为IoT业务身份标识的手段。

（3）IoT设备身份标识。

IoT设备会生成各自的设备身份标识，用来与IoT主控设备通信。该身份标识同样为椭圆曲线公私钥对（Ed25519公私钥对）；IoT设备私钥在IoT设备内会改变，设备每次恢复出厂设置，会重置这个公私钥对。

上述身份标识可用于IoT主控设备与IoT设备间的安全通信。当IoT主控设备与IoT设备通过信任绑定流程交换业务身份标识或设备标识后，可以进行密钥协商并建立安全通信通道。

（4）设备间点对点的信任绑定。

IoT主控设备和IoT设备建立点对点信任关系的过程，实际上是相互交换IoT设备的身份标识的过程。在点对点建立信任关系的过程中，用户需要在IoT主控设备上，输入IoT设备上提供的PIN码。对于有屏幕的设备，该PIN码动态生成；对于没有屏幕的设备，该PIN码由设备生产厂家预置。PIN码的展示形式，可以是一个用户可读的数字，也可以是一个二维码。IoT主控设备和IoT设备间使用PAKE协议完成认证和会话密钥协商过程，并在此基础上，通过协商出的会话密钥加密传输通道用于交换双方设备的身份标识公钥。

（5）IoT主控设备与IoT设备间的通信安全。

当建立过信任关系的IoT主控设备与IoT设备间进行通信时，双方在完成上述信任关系绑定后，基于本地存储的对端身份公钥相互进行认证。在每次通信时基于STS协议完成双向身份认证以及会话密钥协商，之后设备使用此会话密钥加密双方设备间的传输通道。

HarmonyOS应用程序在实际开发时，对于设备认证功能，推荐使用HiChain来对接HUKS。因为HUKS可以向HiChain等应用程序提供密钥的产生、导入、导出、加密/解密、存储、销毁，证书的导入和查询以及秘密信息的存储等能力。

当前，全球智能移动终端市场呈现出强劲的增长态势，截至2022年1月，Android系统的市场份额仍然占据全球移动操作系统市场的69.74%。每个移动应用程序都依赖于Android系统应用程序框架的核心功能，如缺少框架中的位置管理器服务（LMS）模块将导致应用程序无法获取GPS定位。

随着时间推移，越来越多的安全漏洞在Android系统应用程序框架中被挖掘出来。这些已知漏洞可能引发大规模的网络攻击，严重威胁用户的数据安全和隐私。如恶意应用程序可以利用这些漏洞来窃取用户密码、在后台悄悄拍照、实施界面欺诈攻击，甚至篡改用户数据。

与之形成鲜明对比的是，HarmonyOS从一开始就以"与Android系统不走同一条路"为宗旨，凭借这一观念在安全领域取得了显著优势。尤其是在安全方面，展现出广阔的发展前景。此外，HarmonyOS放眼未来，以万物互联为目标，既充满机遇，又面临巨大挑战。

综上所述，HarmonyOS已经在基础框架的构建上进行了谋划和布局。在分布式数据管理、数据安全机制以及设备互联安全等方面为未来的发展奠定了坚实的基础。

5.2　应用程序安全的基本概念

HarmonyOS应用程序安全指的是针对运行在华为自主研发的HarmonyOS上的应用程序所采取的一系列安全措施和技术。这些安全措施和技术旨在保护应用程序不受恶意攻击或不当使用，以确保用户的个人信息和设备数据安全。

具体来说，HarmonyOS应用程序安全包括了应用程序的权限管理、安全沙箱、数据加密、应用市场审核等多方面内容。其中，权限管理可以限制应用程序对系统资源的访问权限；安全沙箱可以隔离应用程序之间的相互影响；数据加密可以保护用户敏感数据和通信安全；应用市场审核可以避免恶意软件通过应用商店传播。

HarmonyOS应用程序安全是一个综合性的系统安全解决方案，旨在为用户提供更加稳定、可靠的移动操作系统环境。

5.2.1　应用程序签名管控

应用程序签名管控是指在HarmonyOS中，对应用程序进行签名，并通过签名来验证应用程序的来源和完整性，以保障系统的安全性。应用程序签名管控主要包括两个方面：一是应用程序签名，二是应用程序安装。

（1）应用程序签名。

在HarmonyOS中，每个应用程序都需要进行签名。签名过程是将应用程序的证书与私钥进行匹配，生成一个数字签名，用于证明该应用程序是由特定开发者发布的，并确保在应用程序传输过程中不被篡改。在应用程序被安装到设备上之前，系统会对应用程序的签名进行验证，确保该应用程序来自可信的开发者，并且没有被篡改。如果签名验证失败，系统将不允许应用程序被安装和运行。

（2）应用程序安装。

在HarmonyOS中，应用程序的安装必须经过应用市场或者系统管理员的审核和授权。在安装应用程序之前，系统会检查应用程序的签名和证书，确保该应用程序是由可信的开发者发布的，并且没有被篡改。同时，系统还会检查应用程序的权限请求，以确保该应用程序没有过多的权限请求或不必要的权限请求。如果应用程序的签名验证失败或权限请求不符合系统规则，系统将不允许应用程序被安装和运行。

通过应用程序签名管控技术，HarmonyOS可以确保应用程序的来源和完整性，有效地防止了恶意应用程序的入侵，并保障系统的安全性和可靠性。

开发者必须对APK文件进行数字签名，以确立应用程序作者身份并构建应用程序间的信任关系。在APK安装过程中，系统首先会核查签名，只有经过签名的应用程序才能被安装。当应用程序更新时，系统会核对新版本应用程序与已安装应用程序的数字签名，若不一致，系统就会将新版本视为全新应用程序。为避免被恶意应用程序替代，开发者可能会使用相同的应用程序名称，但通过不同的签名来加以区分，从而确保签名不同的安装包不会被替换，保护安装应用程序的安全性。

OpenHarmony的应用程序安装过程首先会校验安装包的完整性。在开发和调试完成后，安装包会被签名，这个签名需要使用预先指定的私钥，与后续验签时所用的公钥成对应。通常做法是OEM制造商生成一对公私钥，将公钥信息嵌入设备中，而私钥则保存在离线的本地服务器上，以降低私钥泄露的风险。在应用程序开发完毕后，开发者可以通过外部设备（如USB）将安装包上传到存放私钥的服务器，计算签名结果后再将其下载到外部设备上。在安装应用程序时，系统首先计算安装包的哈希值（通常采用SHA256算法），然后使用哈希值、签名信息及预设公钥进行验签。只有验签成功的应用程序才能被安装到系统中。

除了在云端证明应用程序已通过认证，系统还需要证明其来源的合法性，即应用程序来自合法开发者。这一认证方式是，开发者在云端申请开发证书，然后在开发完毕后，使用开发证书进行自签名。同时，系统在设备端保存这个证书的上级证书。在安装过程中，系统会验证自签名信息，保证开发者身份的合法性。

5.2.2 应用程序权限控制

要想在对象上进行操作，系统就需要把权限和此对象的操作进行绑定。不同级别要求应用程序行使权限的认证方式也不一样，Normal级只需要申请就可以使用，Dangerous级则需要安装时由用户确认，Signature和SignatureOrSystem级就必须是系统用户才可以使用。

由于OpenHarmony系统允许安装第三方应用程序，所以需要对第三方应用程序的敏感权限调用进行管控，具体实现是应用程序在开发阶段就需要在profile.json中指明此应用程序在运行过程中可能会调用哪些敏感权限。这些权限包括静态权限和动态权限，静态权限表示只需要在安装阶段注册就可以，而动态权限由于一般表示获取用户的敏感信息，所以需要在运行时让用户确认才可以调用，它们的授权方式包括系统设置、应用程序手动授权等。除了运行时对应用程序调用敏感权限进行管控外，系统还需要利用应用程序签名管控手段确保应用程序安装包已经被设备厂商进行了确认。

OpenHarmony系统权限，其中包含授权方式和权限说明，如表5-1所示。

表5-1 OpenHarmony系统权限表

OpenHarmony系统权限	授权方式	权限说明
ohos.permission.LISTEN_BUNDLE_CHANGE	静态权限	获取应用程序变化消息
ohos.permission.GET_BUNDLE_INFO	静态权限	获取应用程序信息
ohos.permission.INSTALL_BUNDLE	静态权限	允许应用程序安装应用

（续上表）

OpenHarmony系统权限	授权方式	权限说明
ohos.permission.CAMERA	动态权限	允许随时拍照和录制视频
ohos.permission.MODIFY_AUDIO_SETTINGS	静态权限	允许修改全局音频设置
ohos.permission.READ_MEDIA	动态权限	允许读取视频收藏
ohos.permission.MICROPHONE	动态权限	允许录音
ohos.permission.WRITE_MEDIA	动态权限	允许写入
ohos.permission.DISTRIBUTED_DATASYNC	动态权限	管控分布式数据传输能力
ohos.permission.DISTRIBUTED_VIRTUALDEVICE	动态权限	允许使用分布式虚拟能力

开发者在开发过程中需明确后续应用程序在运行时需要运行哪些权限，并在profile.json中进行注册，然后需要对应用程序进行签名，确保设备在安装这些应用程序时能对应用程序的完整性和来源进行校验。

5.3 应用程序安全的实践方法

5.3.1 实践方法

HarmonyOS应用程序安全的实践方法主要包括以下五个方面：

（1）权限管理。

应用程序在HarmonyOS中需要通过权限管理机制来访问系统资源，开发者需要明确应用程序所需要的权限，并在代码中申请这些权限。同时，用户可以在系统设置中查看应用程序的权限，如果发现应用程序有不必要的权限，可以选择禁止。

（2）安全沙箱。

HarmonyOS为每个应用程序提供了安全沙箱环境，能够隔离不同应用程序之间的运行和数据。开发者需要遵循安全沙箱的规则，确保应用程序不会越界访问其他应用程序的数据。

（3）数据加密。

HarmonyOS支持多种数据加密技术，包括AES、SHA、RSA等，开发者可以利用这些技术来对应用程序中的敏感数据进行加密保护。

（4）应用市场审核。

开发者需要将应用程序提交到华为应用市场进行审核，应用市场管理者在审核过程中需要严格遵守相关规定，确保应用程序不包含恶意代码和漏洞。

（5）安全测试。

开发者可以借助第三方安全测试工具对自己的应用程序进行安全测试，及时发现和修复可能存在的安全漏洞。

5.3.2　最佳实践

常见的有助于提高应用程序安全性的最佳实践主要有以下六种：

（1）设计安全的架构。

开发者在构建应用程序时，应该考虑采用安全的架构。如使用安全的协议和加密技术来确保敏感数据的机密性和完整性。

（2）实施身份验证和授权。

系统通过强制要求用户进行身份验证并限制其访问权限，可以减少潜在攻击者对应用程序的恶意使用。

（3）安全编码实践。

开发者应遵循安全编码实践，防止SQL注入、跨站点脚本（XSS）等常见攻击。

（4）持续监测和漏洞管理。

开发者应定期检查应用程序以发现漏洞，并在遭受到攻击前及时修复它们。

（5）进行安全测试。

开发者可进行黑盒和白盒测试以确定应用程序中的安全漏洞，并尝试模拟针对应用程序的攻击。

（6）订阅最新的漏洞和威胁情报。

开发者需订阅网络安全信息源以获取最新漏洞和威胁情报，以便及时采取措施来保护应用程序。

HarmonyOS应用安全的实践方法需要开发者和用户的共同努力，确保应用程序在HarmonyOS上的安全性。

课后习题

一、选择题

1. 在HarmonyOS中，应用程序隔离的主要方式是（　　　）

　　A．进程隔离　　　　B．沙盒隔离　　　　C.线程隔离　　　　D．文件系统隔离

2. HarmonyOS中的应用程序签名机制的主要作用是（　　　）

　　A．防止应用程序被篡改　　　　B．限制应用程序的访问权限

　　C．加密应用程序的数据传输　　　　D．检测应用程序的安全漏洞

3. HarmonyOS中的权限管理主要用于（　　　）

　　A．控制应用程序的访问权限　　　　B．加密敏感数据

　　C．防止应用程序崩溃　　　　D．检测恶意软件

4. HarmonyOS中的应用程序沙盒机制的目的是（　　　）

　　A．隔离应用程序的执行环境　　　　B．加速应用程序的运行速度

　　C．提供应用程序之间的通信接口　　　　D．检测应用程序的安全漏洞

5. HarmonyOS中的敏感数据保护主要针对以下哪些类型的数据（　　　）

　　A．用户个人信息　　　　B．应用程序的源代码

　　C．网络通信数据　　　　D．手机硬件信息

6. 在HarmonyOS中，应用程序漏洞可能导致的潜在问题是（　　　）

　　A．应用程序运行缓慢　　　　B．用户数据泄露

　　C．文件系统损坏　　　　D．网络连接中断

7. 在评估应用程序的安全性时，以下哪个因素是最重要的（　　　）

　　A．应用程序的用户数量　　　　B．应用程序的广告曝光率

　　C．应用程序的颜色搭配　　　　D．应用程序的代码签名

8．HarmonyOS的安全更新和漏洞修复过程中，以下哪个步骤是必要的（　　　）

    A．监控系统的安全性　　　　　　B．发布漏洞修复补丁

    C．验证漏洞的存在　　　　　　　D．通知用户更新操作系统

9．HarmonyOS中的应用程序权限是通过以下哪种方式进行管理的（　　　）

    A．应用市场审核　　　　　　　　B．自动分配权限

    C．用户手动授权　　　　　　　　D．系统默认授权

10．HarmonyOS中的代码签名验证过程用于确认以下哪个信息（　　　）

    A．应用程序的完整性和真实性　　B．应用程序的版本号

    C．应用程序的文件大小　　　　　D．应用程序的开发者身份

二、简答题

1．HarmonyOS的安全性体现在哪些方面？

2．在搭载HarmonyOS的分布式终端上，怎样保证正确使用？

3．HarmonyOS在硬件和软件上如何保证数据安全？

4．解释什么叫作自主访问机制。

5．简述一下TLS连接的步骤。

6．HarmonyOS可通过哪些方法来提高应用程序的安全性？

7．解释权限管理在HarmonyOS中的作用。列举常见的应用程序权限，并解释为什么需要进行权限管理。

8．介绍HarmonyOS的应用程序的沙盒机制。解释沙盒如何保护应用程序免受恶意行为的影响。

第六章

多媒体开发

6.1 多媒体开发概述

多媒体是指在计算机技术和通信技术的支持下，通过多种媒体形式（如文本、图像、音频、视频等）的集成和呈现，以丰富和提升信息传达、娱乐、教育等体验的方式。多媒体技术使信息能够以更丰富、更全面的方式呈现，能够更好地满足人们对不同感官刺激的需求。

多媒体技术涉及了多个领域，包括计算机图形学、音频处理、视频处理、人机交互等。多媒体技术的核心目标是将不同类型的信息整合在一起，以创造更全面、更生动的体验。通过多媒体技术，用户可以在同一个平台上同时获得文字、图像、声音和视频等信息，从而更好地感受和理解内容。例如，在教育领域，多媒体技术可以通过音频、视频和互动式图像来增强教学效果。多媒体内容的创作、编辑、传输和播放需要使用各种工具、软件和设备。多媒体技术在众多领域得到了广泛的应用，包括广告、教育、娱乐、游戏、医疗、设计等。从简单的幻灯片演示到复杂的电影制作，从在线音乐流媒体到虚拟现实体验，多媒体技术都扮演着重要的角色，为用户提供丰富多彩的数字体验。

媒体（Media）是指用来传递信息的各种形式，是用来表达想法、情感或传达信息的媒介。常见的媒体形式包括文本媒体、图像媒体、音频媒体、视频媒体、交互式媒体等。

多媒体开发指的是利用计算机处理音频、视频等多种媒体数据的过程，包括录制、编辑、编码、解码、渲染等多个环节。随着互联网和移动设备的普及，多媒体应用越来越受到人们的关注，如音乐播放器、视频编辑器、实时通信等。

多媒体开发需要掌握多种技术和工具，如音视频编解码、图像处理、网络通信、UI设计等。常用的多媒体开发语言包括C++、Java、Python等，也有一些针对特定平台和领域的开发框架和工具，如FFmpeg、OpenGL、DirectX等。

　　在多媒体开发中，开发者需要考虑的安全问题包括数据泄露、恶意软件攻击、版权保护等。因此，多媒体开发者需要了解相关的安全技术和政策，并采取相应的防范措施，以确保用户数据和版权的安全。

　　总之，多媒体开发是一个综合性强、技术要求高、安全问题突出的领域，需要开发者具备扎实的技术基础和严谨的安全意识。

　　HarmonyOS提供了多媒体框架，支持音频、视频、图像等多种媒体格式的播放和处理，可以使用该框架来实现多媒体应用；提供了多媒体播放器服务，可以播放本地或网络上的多种媒体文件，可以使用该服务来实现媒体播放器应用；支持相机和摄像头的开发，可以通过调用相机和摄像头API来实现拍照、录像等功能；提供了丰富的图像处理API，可以实现图像缩放、裁剪、旋转、滤镜等多种功能；支持多种视频编解码器，可以实现视频压缩和解压缩，以压缩视频文件大小并提高播放效率；支持多种音频编解码器，可以实现音频文件的压缩和解压缩，以及音频的录制和播放；提供了媒体控制器API，可以实现多媒体应用程序的控制，如播放、暂停、快进、快退等；支持多种媒体传输协议，包括HTTP、RTSP等，可以实现多媒体文件的网络传输。开发者可以根据自己的需求选择相应的API和服务来实现多媒体应用。

6.1.1　多媒体技术

　　多媒体技术在今天的数字时代起着至关重要的作用，为我们带来了丰富多彩的数字体验。通过将不同类型的媒体内容融合在一起，多媒体技术极大地拓展了信息传达的可能性。

　　想象一下，当我们观看一部电影时，多媒体技术将图像、音频和视频融合在一起，创造出一个引人入胜的虚拟世界。我们可以在大屏幕上欣赏到生动的画面，感受到音响系统所传递的逼真声音，从而完全沉浸在电影情节之中。这种整合使得我们能够以更丰富的方式感受故事的情感和张力。

多媒体技术也为教育带来了重大的变革。教室中的多媒体投影仪可以呈现图像和视频，从而更好地解释复杂的概念，激发学生的学习兴趣。互动式学习应用程序使学生能够以亲身参与的方式学习，通过触摸屏幕、拖拽元素，实时获得反馈。这种方式能够使学习变得更加生动有趣，激发学生的学习热情。

在社交媒体和通信应用中，多媒体技术允许我们通过发送图像、音频和视频来分享生活中的瞬间，使交流更加生动和有趣。我们可以用照片展示旅行的美景，用短视频传达情感，用音频消息表达亲切。

多媒体技术的进步催生了计算机应用领域的变革，将计算机从办公室和实验室中解放出来，将其应用程序范围扩展到各个领域，多媒体技术示意图，如图6-1所示。这一发展使得计算机在人类社会的众多活动领域中发挥了重要作用。除了办公室和实验室，计算机已经进入工业生产管理、学校教育、公共信息咨询、商业广告、军事指挥与训练等，甚至渗透到了家庭生活和娱乐等多个领域，逐渐成为信息社会中的通用工具。

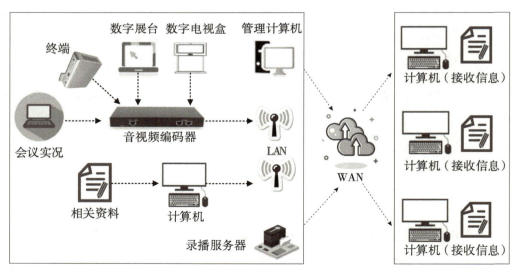

图6-1　多媒体技术示意图

多媒体技术的主要特点如下：

（1）多样性（Diversity）。

多媒体技术可以将不同类型的媒体内容融合在一起，如将文字、图像、音频和视频结合在一个项目中。多样性允许信息以更丰富、更全面的方式呈现，从而使得内容更易于理解和感知。

（2）交互性（Interactivity）。

多媒体技术使用户能够主动参与并与内容进行互动。例如，通过点击、拖拽、滑动等手势，用户可以与应用程序、游戏或教育内容进行实时互动，从而提供更个性化和沉浸式的体验。

（3）实时性（Real-time）。

许多多媒体应用程序具有实时性，可以在瞬间呈现信息。如视频通话、实时直播和在线会议能够使用户迅速共享和接收信息。

（4）多感官体验（Multisensory Experience）。

多媒体技术可以同时刺激多个感官。例如观看电影时，视觉、听觉甚至触觉都能参与，从而创造更加丰富的体验。

（5）信息丰富度（Information Richness）。

多媒体内容可以在有限的时间和空间内传递更多的信息。通过图像、音频和视频，内容可以更具体地呈现，使观众更好地理解。

（6）引人入胜（Engagement）。

多媒体技术通过视觉和听觉的刺激，能够吸引用户的注意力并提高参与度。游戏、虚拟现实和互动应用程序通常利用这个特点来创造更令人兴奋的体验。

（7）逼真性（Realism）。

多媒体内容可以通过高分辨率的图像和逼真的音效，创造出虚拟场景，这使得观众能够沉浸在仿真的环境中。

（8）可定制性（Customizability）。

多媒体技术允许用户根据自己的喜好和需求调整体验。用户可以调整音量、图像质量、字幕显示等，以满足个人偏好。

（9）可复制性（Replicability）。

多媒体内容可以轻松地被复制、传播和分享。这种特性使信息能够在不同地点和时间迅速传递，促进了信息的广泛传播。

（10）创意表达（Creative Expression）。

多媒体技术为创作者提供了广泛的创意表达方式。艺术家和创作者可以通过图像、音频、视频等来传达独特的想法、情感和观点。

6.1.2　多媒体信息的类型

6.1.2.1　文本

信息以文字和专用符号的形式呈现，构成了文本，这是一种常用的信息存储和传递方式。文本赋予人们丰富的想象空间，主要用于知识的描述性表达，如概念阐述、定义、原理解释、问题叙述，以及标题、菜单等内容的呈现。

6.1.2.2　图像

图像是多媒体软件中至关重要的信息表现形式，它是塑造多媒体软件视觉效果的关键要素。

6.1.2.3　动画

动画是通过快速播放一系列连续的静态图像或图形变化，以模拟物体的运动、变形或其他视觉效果的一种表现形式。它利用人类视觉的暂留效应，使连续的图像在我们的眼中融合成为流畅的动态画面，从而产生一种错觉，仿佛图像中的物体真的在运动或发生变化。它能够将复杂的信息以生动的方式呈现，吸引我们的注意力，可以直观地展示事物的变化、运动和演变过程，让我们一目了然。视觉和听觉的结合能够增强信息在记忆中的保存和提取。动画具有互动性，我们可以通过点击、拖动等方式与动画进行互动。这种互动能够增加我们的参与感，促进学习效果。动画通过图形、颜色、特效等手段创造出各种视觉效果，从而更好地表达创意和概念。这种创造性的表达方式可以激发我们的想象力。

6.1.2.4　声音

声音作为人类感知的一个重要维度，能够传递丰富的情感和信息。声音的音调、音量、音色等变化能够直接引起人们的共鸣和注意；能够传递情感、情绪和语气；能够在瞬间传递重要的信息。例如，警报声能够迅速引起人们的注意并促使他们采取行动。声音传递信息的能力不受环境限制。即使在嘈杂的环境中，人们仍然能够通过声音分辨出重要的信息。声音具有多样性，不仅包括语言信息，还包括非语言信息，如音乐、声音效果等。人类也能通过声音判断声音的来源。

6.1.2.5　视频影像

视频影像具有时序性和丰富的信息内涵，常用于展示事物的演变过程。类似于电影和电视，视频影像在多媒体中扮演着重要角色，以其声音和图像共同构建丰富的视听体验。

6.1.3　多媒体的应用

多媒体技术的应用领域已经延伸至广告、艺术、教育、娱乐、工程、医药、商业，以及科学研究等多个行业。通过多媒体网页，商家可以将广告转化为互动的形式，结合声音和画面，吸引用户的注意力，并在同一时间向潜在顾客传递更多产品信息。但采用多媒体制作的广告存在下载时间过长的问题，这是一个明显缺点。

多媒体技术在教学方面也得到了广泛应用。它不仅可以增加自学过程的互动性，还能够激发学生的学习兴趣。通过视觉、听觉和触觉的反馈，多媒体技术可以加强学生对知识的吸收与理解。

作为一种综合性电子信息技术，多媒体技术的快速发展引领着计算机系统、音频和视频设备朝着新的方向发展。这种趋势将对大众传媒产生深远的影响。多媒体计算机的普及将加速计算机技术融入人们的家庭和社会各个领域，从而对工作、生活和娱乐方式产生深刻的变革。

除此之外，多媒体技术还能够应用于数字图书馆、数字博物馆等领域，丰富文化遗产的数字化展示。同时，在交通监管系统方面，多媒体技术也能够用于相关监控和数据记录。

6.1.3.1　多媒体技术的开发过程

当涉及数字化媒体时，HarmonyOS包含以下五个过程：

（1）采集。

HarmonyOS中的硬件设备（如摄像头、麦克风、扬声器等）通过传感器和电子组件等采集音频和视频数据。采集到的数据被转换为数字信号并存储在内存或者存储介质中。

（2）编码。

采集到的媒体数据需要进行编码压缩，以减小数据量，并提高传输效率和存储效率。HarmonyOS支持多种媒体编码格式，如H.264（高度压缩数字视频编解码器标准）、H.265（高效率视频编码）、AAC（高级音频编码）等。编码器将音频和视频数据转换为数字编码格式，在降低数据量的同时尽量保证视频和音频质量。

（3）存储。

经过编码的媒体数据可以被存储在本地设备或者云端，以便随时使用。HarmonyOS支持多种存储介质，如固态硬盘、内存卡、云存储等。存储媒体文件的目的是随时访问和回放，以及在需要时进行编辑和处理。

（4）处理。

HarmonyOS提供了各种媒体处理功能，以处理视频、音频和图像等媒体数据。例如，我们可以使用图像处理技术来调整图像的色彩和亮度；使用音频处理技术来消除噪音和杂音。另外，HarmonyOS还支持多种媒体编辑功能，如剪切、旋转、裁剪、混音等。

（5）分发。

经过处理的媒体数据可以通过多种方式进行分发，如本地播放、在线播放、网络传输等。HarmonyOS支持多种网络协议（如HTTP、FTP等），以及多种传输方式（如UDP、TCP等）。用户可以通过设备上的应用程序或者云端服务来访问和使用数字媒体文件。

6.1.3.2　多媒体技术的开发方向

在多媒体技术开发应用方面，主要有以下五个方向：

（1）游戏开发。

多媒体技术在游戏开发中有着广泛的应用，包括游戏引擎、场景渲染、人物动画、

音效等方面，可以为游戏提供更加逼真的画面和音效，提高游戏的沉浸感和娱乐性。

（2）视频制作。

多媒体技术在视频制作中也有很广泛的应用，可以进行视频剪辑、特效处理、字幕添加等操作，为视频制作提供更加丰富的技巧以实现更精美的效果。

（3）移动应用程序开发。

随着手机等智能设备的普及，多媒体技术在移动应用程序开发中也扮演着重要的角色。如移动端游戏、社交应用程序、影音播放器等都需要使用多媒体技术进行开发。

（4）虚拟现实技术开发。

虚拟现实技术是一种基于多媒体技术的新兴领域，可以为用户提供身临其境的虚拟体验。虚拟现实技术的开发涉及多媒体技术、计算机图形学、人机交互等方面的知识。

（5）在线教育开发。

多媒体技术在在线教育中也有很大的应用，可以为用户提供视频课程、互动课件、在线测试等功能，提高学习效果和趣味性。

 6.2 多媒体开发基础知识

HarmonyOS多媒体开发工具主要包括以下五种：

（1）音视频编解码。

音视频数据是多媒体应用的重要组成部分。音视频编解码是将原始音视频数据转换成特定格式或从特定格式转换回原始数据的过程。

（2）图像处理。

图像处理涉及各种图像算法，包括图像滤波、边缘检测、颜色空间转换等，常用于图像编辑、相机、视频监控等应用场景中。

（3）UI设计。

UI设计是多媒体应用程序开发中非常重要的一部分，它涉及用户交互、界面布局、视觉效果等方面，对用户体验和产品品质具有决定性影响。

（4）数据结构和算法。

在多媒体开发中，开发者需要频繁地进行数据处理和算法优化。因此，对数据结构和算法的理解和掌握是至关重要的。

（5）网络通信。

多媒体应用程序通常需要通过网络实现数据传输和实时通信，因此开发者需要了解网络协议、通信模型、安全机制等。

多媒体开发者需要掌握多种技术和工具，并且需要不断学习更新的技术和市场需求。同时，良好的团队协作和项目管理能力也是多媒体开发者必备的素质。

6.2.1 应用程序

6.2.1.1 应用程序的简介

6.2.1.1.1 HarmonyOS应用程序

（1）分布式架构。

HarmonyOS的最大特点是采用了分布式架构。传统的操作系统将所有设备和应用程序均视为孤立的个体，而HarmonyOS将所有设备和应用程序视为一个大型分布式系统，这些设备与应用程序之间可以互相通信、协作和共享数据。

HarmonyOS通过分布式能力让不同类型的设备之间协同工作，实现智能互联。例如，当华为智能手机与华为平板电脑配对时，可以在平板电脑上看到在手机上收到的所有通知。类似地，还可以使用HarmonyOS将电视、空调、灯光等智能设备连接起来，实现智能家居。

（2）全场景适配。

HarmonyOS的另一个显著特点是全场景适配。这意味着HarmonyOS可以适配各种不同的设备和场景，包括手机、平板电脑、电视、汽车、智能家居等。

HarmonyOS的全场景适配能力实现了统一的用户操作体验。当使用不同的华为设备时，可以享受到相似的用户界面和操作方式。例如，在华为手机上安装一款应用程序时，在通过了智能终端连接的华为平板电脑上也可以使用同样的应用程序，并享受相同的用户操作体验。

（3）高安全可靠性。

HarmonyOS采用多重安全机制，保证用户的数据安全和隐私保护。这些安全机制主要包括以下三个方面：

①可信计算。

HarmonyOS可以检测未经授权的应用程序，并在运行这些应用程序时保护用户数据的安全。

②全链路安全。

HarmonyOS可以在应用程序开发、分发和运行的所有环节中保护用户数据的安全。

③安全隔离。

HarmonyOS可以在不同的应用程序之间实现安全隔离，防止恶意应用程序获取用户数据。这些安全机制可以保护用户的数据安全和隐私，使得HarmonyOS成为一个高度安全可靠的操作系统。

（4）开发效率高。

HarmonyOS采用全栈开发模式，开发者可以使用一套开发工具链，实现多种不同类型的应用程序开发。这种全栈开发模式可以极大地提高开发效率，减少开发成本。

6.2.1.1.2　开发工具和框架

（1）DevEco Studio。

DevEco Studio是一款HarmonyOS的开发工具，可提供可视化编程、模拟器、调试器等功能。

（2）HiACE。

HiACE是一款HarmonyOS的应用程序打包工具，可以将应用程序打包为HarmonyOS的安装包。

（3）OpenHarmony。

HarmonyOS的开源框架，可以帮助开发者快速构建应用程序。OpenHarmony是由开放原子开源基金会孵化及运营的开源项目。华为技术有限公司是OpenHarmony项目的主要贡献者和使用者。华为技术有限公司向OpenHarmony项目贡献了大量代码，未来也将持续为OpenHarmony开源项目贡献代码。

HarmonyOS是华为技术有限公司基于OpenHarmony开源项目开发的商用操作系统版本，专门为多种全场景智能设备实现智能互联而设计。为了保障现有的华为手机和平板电脑用户的数字资产，HarmonyOS在遵循AOSP（Android Open Source Project）的开源许可基础上，实现了让现有的Android系统生态应用程序在部分搭载HarmonyOS的设备上兼容并运行。OpenHarmony的用户应用程序是基于全新设计的OpenHarmony API/SDK进行开发的。这些应用程序可以顺利运行在基于OpenHarmony开源项目开发的系统上，并能在多个终端之间实现无缝的流转。

需要注意的是，OpenHarmony的程序框架仅支持OpenHarmony用户应用程序的运行，不支持基于其他操作系统（如Android系统、iOS等）API/SDK开发的用户应用程序的运行。在确保版本匹配的前提下，OpenHarmony应用程序还能够在HarmonyOS设备上运行。

HarmonyOS的开源框架注重多设备的融合与协作，允许应用程序在不同设备上无缝切换和共享数据，其分布式能力使得开发者能够更加灵活地设计和开发应用程序，让用户的工作、学习和娱乐更加流畅。同时，HarmonyOS的安全机制也是开源框架的一个重要组成部分，保障了用户数据和隐私的安全，为开发者和用户提供了可信赖的环境。这些开发工具和框架可以使开发者更容易地开发出高质量的应用程序。

总的来说，HarmonyOS具有分布式架构、全场景适配、高安全可靠性和开发效率高等特点，可以满足不同类型设备和场景的需求，为用户带来更好的体验。

6.2.1.2 应用程序

6.2.1.2.1 HarmonyOS应用程序的结构层次

HarmonyOS应用程序的结构层次，如图6-2所示。

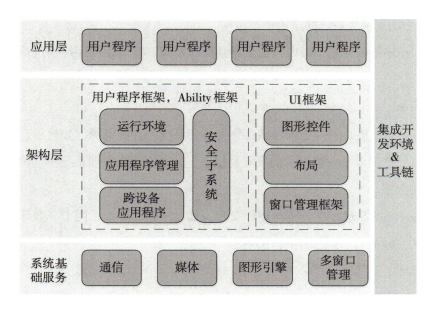

图6-2 HarmonyOS应用程序的结构层次

（1）分布式任务调度。

HarmonyOS支持跨设备远程访问启动、远程调用、远程连接、迁移等操作，可以选择合适的设备完成分布式任务。分布式任务调度如图6-3所示。

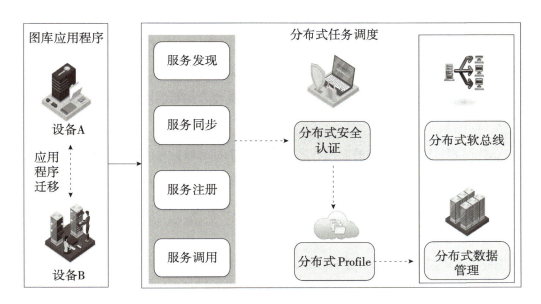

图6-3 分布式任务调度

（2）全场景操作系统的应用程序结构。

HarmonyOS是一种基于微内核的全场景操作系统，其应用程序结构包括以下五个部分：

①微内核。

HarmonyOS的核心是一个微内核，负责管理系统的各种资源，如进程、线程、内存、设备等。它提供了一些基本的服务和接口，方便应用程序和系统模块调用。

②驱动程序。

HarmonyOS的驱动程序负责与硬件交互，如显示器、声卡、网卡、蓝牙等。它们向上提供了一些API，方便应用程序调用。

③标准库。

HarmonyOS提供了一些标准库，如C库、C++库、Java库等，方便开发者编写应用程序。这些库实现了各种常用的功能，如字符串操作、文件操作、网络通信等。

④应用程序框架。

HarmonyOS的应用程序框架提供了一些API，方便开发人员编写应用程序，包括UI框架、多媒体框架、网络框架等，可以帮助开发者快速开发各种应用程序。

⑤应用程序。

HarmonyOS的应用程序可以分为原生应用程序和H5应用程序。原生应用程序是使用C、C++或Java等语言编写的应用程序，可以直接调用系统的各种服务和接口。H5应用程序是使用HTML5、CSS和JavaScript等Web技术编写的应用程序，可以在浏览器中运行。

总体而言，HarmonyOS的应用程序结构是一个基于微内核的分层架构，各个部分之间相互独立，系统通过标准接口进行通信，从而实现应用程序的高效运行。

6.2.1.2.2 HarmonyOS应用程序的发布形式与开发

（1）发布形式。

HarmonyOS应用程序以App Pack形式发布，由多个hap包及描述hap包的info组成，如图6-4所示。

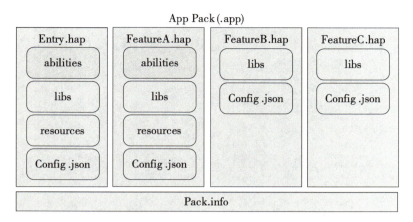

图6-4　HarmonyOS应用程序App Pack形式

①hap。

ability的部署包，HarmonyOS围绕ability组件代码展开，hap分为Entry和Future。Entry为应用程序主模块，一个App只有一个Entry，对于一个设备类型必须有且只有一个Entry类型的hap，才可以独立安装运行。Futuer为应用程序的动态特性模块，一个App可以包含一个或者多个，也可以不包含，但是只有包含ability的hap才能独立运行。

②hap组成。

hap由代码、资源、第三方库、应用程序配置文件组成。

（2）开发。

①开发步骤。

HarmonyOS应用程序的开发步骤如图6-5所示。

图6-5　HarmonyOS应用程序的开发步骤

②布局。

HarmonyOS应用程序的开发布局的组件分类，如图6-6所示。

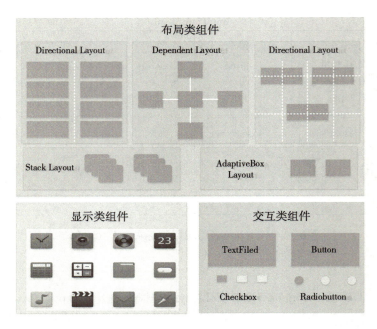

图6-6　组件分类图

布局类组件，即单一位置排列、相对位置排列、确切位置排列、重叠位置排列、自适应框布局。显示类组件，即单纯的显示文本、图像、时钟、进度条。交互类组件，即具体应用场景下和用户交互响应的功能，有button点击、slider量值选择。

③创建UI布局的方式。

在代码中创建、在XML中声明UI布局。声明UI布局图如图6-7所示。

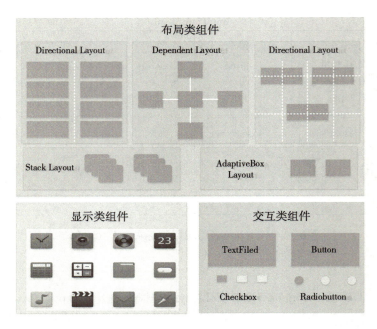

图6-7　声明UI布局图

6.2.2　实现应用程序功能

6.2.2.1　HarmonyOS应用程序框架

HarmonyOS通过HarmonyOS应用程序框架来实现应用程序功能。HarmonyOS应用程序框架提供了一套完整的开发框架，可以帮助开发者快速构建应用程序。

具体来说，开发者可以使用HarmonyOS应用程序框架中的各种API来实现应用程序功能。这些API包括UI框架、数据存储、网络通信、多媒体处理等各种功能模块，开发者可以根据自己的需求选择使用。以下是一些常用的功能模块：

（1）UI框架。

HarmonyOS提供了一个灵活的UI框架，可以帮助开发者快速构建各种界面。UI框架支持多种UI控件，包括文本、图片、按钮、列表等，同时还支持多种布局方式，如线性布局、表格布局、网格布局等。

（2）数据存储。

HarmonyOS提供了多种数据存储方式，包括本地文件存储、SQLite数据库、分布式数据存储等。开发者可以根据自己的需求选择合适的存储方式。

（3）网络通信。

HarmonyOS提供了多种网络通信方式，包括HTTP、TCP、UDP等。开发者可以使用这些API来实现网络通信功能，如下载、上传、推送等。

（4）多媒体处理。

HarmonyOS提供了多种多媒体处理方式，包括音频、视频、图像处理等。开发者可以使用这些API来实现多媒体相关的功能，如录音、播放、编辑等。

除了功能模块之外，HarmonyOS还提供了多种开发工具，如集成开发环境、模拟器、调试器等。开发者可以使用这些工具来提高开发效率和调试应用程序。通过HarmonyOS应用程序框架和开发工具，开发者可以更加快速、方便地构建应用程序，并实现以下各种功能：

①UI界面设计和交互功能。

开发者使用HarmonyOS提供的UI框架和开发工具，可以快速构建应用程序的UI界面，包括布局设计、UI组件的添加和排版等。同时，这种方式开发的应用程序还可以实现UI组件的交互功能，如点击事件、拖拽事件等。

②数据存储和管理。

通过HarmonyOS提供的数据存储模块，开发者可以实现应用程序中数据的持久化存储和管理，包括本地文件存储、SQLite数据库存储等。这些数据可以是用户信息、应用程序配置信息、应用程序状态等。

③网络通信和数据传输。

通过HarmonyOS提供的网络通信模块，开发者可以实现应用程序中的网络通信和数据传输功能，包括HTTP通信、TCP/IP通信、UDP通信等。这些功能可以用于实现应用程序中的数据上传、数据下载、推送等功能。

④多媒体处理和应用。

通过HarmonyOS提供的多媒体处理和应用程序模块，开发者可以实现应用程序中的多媒体相关功能，包括音频、视频、图像处理等。这些功能可以用于实现音视频播放、图像编辑等功能。

⑤其他功能。

HarmonyOS应用程序框架和开发工具还支持其他功能，如应用程序的权限管理、通知管理、系统服务调用等。

通过HarmonyOS应用程序框架和开发工具，开发者可以实现各种应用程序功能，从而开发出更加丰富和有趣的应用程序。

6.2.2.2　实现应用程序迁移

在HarmonyOS中，分布式任务调度平台对搭载了HarmonyOS的多个智能设备构筑的超级虚拟终端提供统一的组件管理能力。终端支持远程启动、远程调用业务、无缝迁移等分布式任务，通过如图6-8所示的调用方式即可实现设备间无缝迁移。

绑定设备、响应用户事件处理如图6-9所示。用户事件主要包括手势事件和按键事件。

（1）手势事件。

手势事件一般在移动设备中使用，是指在触摸屏设备上，用户使用手指或触控笔进行特定动作时触发的事件。这些动作可以是滑动、点击、缩放、旋转等，而设备会通过感应用户的触摸动作并将其转化为特定的操作和事件。

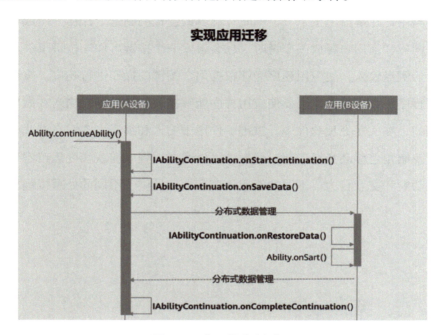

图6-8 应用设备迁移图

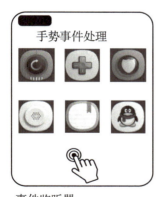

事件监听器
Component. ClickedListener

事件监听器:
Component. KeyEventListener

图6-9 用户事件示意图

　　手势事件旨在提供更自然、直观的用户界面交互方式，使用户能够以与物理世界相似的方式与数字设备进行沟通。常见的触摸屏设备包括智能手机、平板电脑、触摸屏电脑和手持设备等。

（2）按键事件。

按键事件一般在智慧屏中使用，是指在计算机键盘上按下或释放一个键时触发的事件。当用户在键盘上按下一个键时，计算机会检测到这个操作并生成相应的按键事件。同样，当用户释放一个键时，也会触发一个按键事件。按键事件可以用于捕获用户的键盘输入，使应用程序能够根据用户按键的操作进行响应。按键事件在各种应用程序中都有重要作用，使应用程序能够接收用户的键盘输入并做出相应的响应。例如，在文字处理软件中，按键事件用于输入和编辑文本；在游戏中，按键事件用于控制角色移动和操作等。开发者可以通过编程来捕获和处理按键事件，以实现各种功能和交互行为。不同的编程语言和框架提供了不同的处理按键事件的接口和方法。

6.3 多媒体开发的高级技巧

6.3.1 技术特性

6.3.1.1 四大技术特性

（1）分布式架构。

HarmonyOS采用分布式架构，可以实现设备之间的快速互联和信息共享。在HarmonyOS中，应用程序可以在不同的设备之间自由移植，实现无缝连接和数据交换，提供更加智能化的用户体验。

（2）统一的开发环境。

HarmonyOS提供了统一的开发环境，包括统一的API和工具链，方便开发者快速构建HarmonyOS应用程序。开发者可以使用统一的开发工具和语言进行开发，并且可以将应用程序轻松移植到不同的设备上运行。

（3）硬件资源管理能力。

HarmonyOS具有优秀的硬件资源管理能力，可以根据不同设备的硬件特性和性能进行优化，提高应用程序的运行效率和响应速度。HarmonyOS还提供了强大的内存管理和安全机制，可以保障设备的安全性和稳定性。

（4）AI技术支持。

HarmonyOS内置了AI技术，可以实现智能化的计算和决策。在HarmonyOS中，应用程序可以使用内置的AI技术，如图像识别、语音识别、自然语言处理等，提供更加智能化的服务和用户体验。

6.3.1.2　使用的技术

（1）分布式架构。

分布式架构首次用于终端操作系统，实现跨终端无缝协同体验。HarmonyOS的"分布式操作系统架构"和"分布式软总线技术"利用公共通信平台、分布式数据管理、分布式能力调度以及虚拟外设这四项核心能力，将底层的技术复杂性对应用程序开发者屏蔽，使得开发者能够专注于自身业务逻辑。这使得开发者可以像为单个终端开发应用程序一样，跨终端开发分布式应用程序，同时也使得用户能够在不同使用场景下享受强大的跨终端业务协同能力，带来无缝的体验。

在系统性能方面，HarmonyOS采用了确定时延引擎和高性能进程间通信技术来解决现有系统性能不足的问题。确定时延引擎在任务执行之前分配系统中的任务优先级和时间限制，从而实现了任务的优先调度，降低了应用程序响应的时延。此外，HarmonyOS的微内核结构使得进程间通信性能大大提升，进程间通信效率较现有系统提升了5倍。

HarmonyOS基于全新的微内核架构进行了重塑，拥有更强的安全特性和低时延等优点。微内核设计的核心思想是简化内核功能，将尽可能多的系统服务移出内核，在用户态实现，同时增加它们之间的安全保护。HarmonyOS的微内核只提供基本的服务，如多进程调度和多进程通信。HarmonyOS将微内核技术应用于可信执行环境，通过形式化方法重塑了可信安全。形式化方法利用数学手段验证系统的正确性和漏洞情况，相较于传统验证方法，它能够验证所有软件运行路径，提高了安全等级。同时，HarmonyOS的微内核代码量仅为Linux宏内核的千分之一，大大减少了受恶意攻击的概率。

（2）一次开发，多端部署。

HarmonyOS通过统一集成开发环境支撑一次开发，多端部署，实现跨终端生态共享。借助于多终端开发集成开发环境及多语言统一编译，HarmonyOS通过分布式架构Kit为开发者提供了屏幕布局控件和自动适配交互的功能。这项技术支持控件的拖拽操作，以及面向预览的可视化编程，使开发者能够在同一工程下高效构建多端自动运行的应用程序。这进一步实现了真正的"一次开发，多端部署"，从而使不同设备间的生态共享成为可能。

华为方舟编译器作为HarmonyOS的编译器，是首个取代Android虚拟机模式的静态编译器。这一编译器允许开发者在开发环境中将高级语言一次性编译成机器码。未来，华为方舟编译器还将进一步支持多语言统一编译，这将大大提高开发效率。

6.3.2　多媒体开发的高级技巧

6.3.2.1　音视频编解码优化

HarmonyOS内置了基于FFmpeg的音视频编解码库。HarmonyOS通过硬件优化、多媒体框架优化、软件编解码优化、音视频数据处理优化和多媒体性能测试和优化等方面，来实现对音视频编解码的优化，从而提高音视频的处理效率和质量。当前主要通过以下五种方式来实现音视频编解码的优化：

（1）硬件优化。

HarmonyOS支持多种硬件加速技术，如图形处理单元加速和硬件编解码加速等，利用硬件计算能力的优化提高音视频编解码的效率和质量。此外，HarmonyOS还支持异构计算，可以充分利用不同类型的处理器和硬件，提高音视频编解码的效率和质量。

（2）多媒体框架优化。

HarmonyOS提供了多媒体框架，包括音视频编解码框架、音视频播放框架等，可以对多媒体数据的处理和传输进行优化，从而提高音视频编解码的效率和质量。

（3）软件编解码优化。

HarmonyOS提供了软件编解码技术，通过优化编解码算法和数据处理流程，提高音视频编解码的效率和质量。

（4）音视频数据处理优化。

HarmonyOS提供了多种音视频数据处理技术，如音视频数据预处理、音视频数据压缩等，减小音视频数据的大小和处理量，提高音视频编解码的效率和质量。

（5）多媒体性能测试和优化。

HarmonyOS提供了多媒体性能测试和优化工具，可以测试多媒体数据的处理速度和质量，并根据测试结果进行优化和改进。

6.3.2.2 图像处理优化

HarmonyOS提供了丰富的图像处理功能，如旋转、翻转、裁剪、缩放等操作，开发者可以通过优化算法和使用硬件加速等方式来提高图像处理效率。

6.3.2.3 实时音视频通信

HarmonyOS提供了实时音视频通信能力，开发者可以利用该能力来开发在线直播、视频会议等应用程序，并通过优化网络传输和编解码算法来提高实时性和稳定性。

6.3.2.4 多媒体数据存储和管理

HarmonyOS提供了多种数据存储方式，如文件系统、SQLite数据库、云存储等，开发者可以根据需求选择相应的存储方式。同时，HarmonyOS通过数据结构优化、缓存机制优化、文件系统优化、数据库优化和磁盘管理优化等方面来优化数据读写和管理算法，从而提高数据的处理效率和管理效率。主要通过以下五个方面来优化数据读写和管理算法：

（1）数据结构优化。

HarmonyOS在数据结构的设计和实现上进行优化，采用高效的数据结构，如哈希表、红黑树、B+树等，以提高数据读写和管理的效率。

（2）缓存机制优化。

HarmonyOS在缓存机制上进行优化，采用合理的缓存机制，如预读缓存、缓存池等，以减少数据读写的延迟，提高数据管理的效率。

（3）文件系统优化。

HarmonyOS在文件系统的设计和实现上进行优化，采用高效的文件系统，如F2FS、ext4等，以提高文件读写和管理的效率。

（4）数据库优化。

HarmonyOS提供了高性能的数据库，如LiteOS数据库和分布式数据库，通过对数据库的优化，提高数据读写的效率和管理的效率。

（5）磁盘管理优化。

HarmonyOS在磁盘管理上进行优化，采用高效的磁盘管理算法，如磁盘分区、磁盘格式化等，以提高磁盘读写和管理的效率。

6.3.2.5　多媒体安全保护

在多媒体应用程序中，安全问题是用户的一大关注点，开发者需要采取多种防范措施，如加密保护、鉴权认证、漏洞检测等，以确保用户数据和版权的安全性。主要采取的方式有以下五种：

（1）数字版权管理。

HarmonyOS提供了数字版权管理（Digital Rights Managment，DRM）技术来保护多媒体内容的安全。开发者可以在应用程序中使用HarmonyOS的DRM框架来实现对多媒体文件的加密和解密，确保这些文件不会被未经授权的第三方所访问。

（2）安全传输。

HarmonyOS提供了安全传输协议来确保多媒体文件在传输过程中的安全。开发者可以使用HarmonyOS提供的安全传输API来保证多媒体文件在传输过程中不被篡改或窃取。

（3）水印技术。

HarmonyOS提供了水印技术来保护多媒体文件的安全性。开发者可以在应用程序中使用HarmonyOS提供的水印API来添加水印到多媒体文件中，以保护这些文件的版权和安全。

（4）安全存储。

HarmonyOS提供了安全存储技术来保护多媒体文件在存储过程中的数据安全。开发者可以使用HarmonyOS提供的安全存储API来确保多媒体文件不会被未经授权的恶意程序访问或窃取。

（5）安全检测。

HarmonyOS提供了多种安全检测技术来确保多媒体文件的安全性。开发者可以在应用程序中使用HarmonyOS提供的安全检测API来检测和防范多媒体文件的安全风险，确保用户信息和隐私的安全。

6.3.2.6　自定义视图和布局

HarmonyOS可以使用自定义视图和布局来创建特定的用户界面，以满足应用程序的需求。

6.3.2.7　优化资源加载

HarmonyOS在加载大型多媒体资源（如图片、视频、音频）时，可以通过使用异步加载和懒加载来优化应用程序的性能。异步加载是使用线程或协程来实现的，它可以使用HarmonyOS提供的异步加载框架来简化开发流程。懒加载则是在应用程序中延迟加载资源，只有在用户需要使用时才加载，这种方式可以使用HarmonyOS提供的懒加载框架来实现。

（1）异步加载。

异步加载是指在应用程序中使用线程或协程来异步加载资源，如图片、视频、音频等，而不是在主线程中同步加载资源。这样可以避免阻塞主线程，提高应用程序的响应速度和流畅度。

（2）懒加载。

懒加载是指在应用程序中延迟加载资源，只有在需要使用资源时才加载，而不是在应用程序启动时就将所有资源加载完成。这样可以减少启动时间和内存占用，提高应用程序的运行效率。

6.3.2.8　处理多媒体数据

对于音频和视频数据，HarmonyOS可以使用MediaExtractor和MediaCodec等进行处理。在处理图像和计算机视觉任务时，开发者可以使用OpenCV库等工具。下面是使用OpenCV库的六个步骤：

（1）下载OpenCV库。

可以从OpenCV官网下载最新的HarmonyOS版本的OpenCV库。

（2）配置环境变量。

将OpenCV库添加到系统环境变量中，以便在程序中使用OpenCV库。

（3）创建工程。

在开发工具中创建HarmonyOS应用程序工程，选择使用OpenCV库。

（4）引入OpenCV库。

在工程中引入OpenCV库，通过导入静态库或者动态库的方式引入OpenCV库。

（5）编写代码。

使用OpenCV库中提供的函数来进行图像处理和计算机视觉任务，如图像读取、图像处理、特征提取、目标检测、人脸识别等。

（6）编译和运行。

将代码编译成可执行文件，并在鸿蒙设备上运行。

需要注意的是，开发者使用OpenCV库需要具备一定的图像处理和计算机视觉知识，才能正确地使用OpenCV库中提供的函数。同时，开发者在使用OpenCV库时，还需要遵循相关的开源协议。

6.3.2.9　考虑内存管理

由于多媒体资源通常需要占用较多的内存，因此开发者需要注意内存管理，以避免内存溢出和性能问题。

6.3.2.10 实现跨平台兼容

为了使应用程序能够在不同的设备上运行,HarmonyOS需要考虑兼容性问题。开发者可以使用标准的多媒体格式和编解码器,并进行适当的错误处理和异常处理;也可通过HarmonyOS提供的微内核架构、统一的设备驱动框架、统一的开发工具链和API及分布式能力等技术手段实现跨平台兼容。这使得应用程序可以在不同平台之间轻松移植,提供更加智能化、流畅和统一的用户体验。

(1)基于HarmonyOS微内核的设计。

HarmonyOS的设计基于微内核架构,将系统底层和应用程序分离,实现了硬件抽象层的统一,使得应用程序不再依赖底层硬件架构,可以轻松地跨平台运行。

(2)统一的设备驱动架构。

HarmonyOS提供了统一的设备驱动框架,使得不同平台的设备驱动可以共用同一个框架,方便应用程序在不同平台之间进行移植。

(3)统一的开发工具链和API。

HarmonyOS提供了统一的开发工具链和API,开发人员可以使用同一套开发工具和API进行跨平台开发和移植,减少了应用程序的开发难度和成本。

(4)HarmonyOS的分布式能力。

HarmonyOS的分布式能力可以实现设备之间的快速互联和信息共享,使得应用程序可以在不同平台之间无缝流转,提供了更加智能和流畅的用户体验。

HarmonyOS的使命和目标是将不同的设备串联,成为设备的"万能语言",让一个系统连接起所有基于物联网的智能设备,实现万物互联的终极目标。分布式软总线是HarmonyOS的核心能力之一,可以让多设备融合为"一个设备",从而带来设备内和设备间高吞吐、低时延、高可靠的流畅连接体验。分布式软总线结构示意图如图6-10所示。

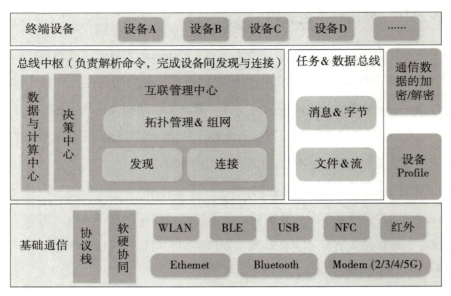

图6-10 分布式软总线结构示意图

HarmonyOS分布式软总线致力于实现近场设备间统一的分布式通信功能，提供不区分链路的设备发现和传输接口，具备快速发现并连接设备的能力，能够高效分发任务和传输数据。作为多终端设备的统一基座，分布式软总线是HarmonyOS架构中的底层技术，是HarmonyOS的大动脉，其总的目标是实现设备间无感发现、零等待传输。对开发者而言，无需关注组网方式与底层协议。

分布式软总线主要有以下五个主要特点：

一是分布式架构。HarmonyOS采用了分布式架构，可以将多个设备（如智能手机、智能电视、智能家居设备等）连接在一起，形成一个分布式网络。这种分布式架构使得HarmonyOS能够实现设备之间的高效通信和资源共享，从而提供更加智能、便捷的用户体验。

二是统一的软总线。HarmonyOS引入了统一的软总线机制，即分布式软总线。通过分布式软总线，各个设备可以像连接在同一根总线上的硬件设备一样进行通信，实现设备之间的数据传输和互联互通。这种机制使得HarmonyOS具备了较强的兼容性和扩展性，可以灵活地支持各种类型的设备。

三是高性能通信。分布式软总线在设计上注重了高性能通信，采用了高效的通信协议和技术，可以实现低延迟、高带宽的数据传输。这使得HarmonyOS在支持多设备互联互通的同时，还能保障通信的高效率和稳定性。

四是安全和隐私保护。HarmonyOS对分布式软总线进行了安全和隐私保护的设计。系统通过加密通信、身份认证、权限控制等安全机制，保护用户的数据安全和隐私信息。同时，HarmonyOS还提供了分布式权限管理，用户可以灵活地控制各个设备之间的数据共享权限，从而保障了用户的隐私权利。

五是弹性伸缩。HarmonyOS的分布式软总线具有弹性伸缩的特性，可以根据设备的数量和类型进行动态调整。这意味着HarmonyOS可以适应不同规模和复杂度的分布式网络，并能够在设备的增减和网络拓扑变化时自动调整，以保持设备间高效的通信和协同工作。

HarmonyOS分布式软总线的设计目标在于推进极简通信协议技术，在设备安全场景下，能够使各智能设备"即连即用"。分布式软总线是在"1+8+N"设备间搭建的一条"无形"的总线，具备自发现、自组网、高带宽、低时延、高可靠、开放与标准等特性，分布式软总线特性示意图，如图6-11所示。

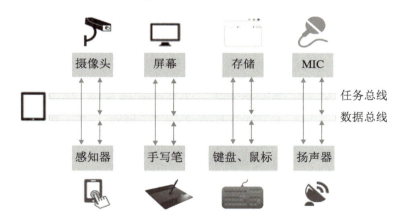

图6-11　分布式软总线特性示意图

6.3.2.11　实现自定义滤镜和特效

为了增强应用程序的用户体验，HarmonyOS可以实现自定义滤镜和特效，可以使用OpenGL ES等技术来实现高性能的图形处理。

总之，HarmonyOS多媒体的开发需要不断学习更新的技术和市场需求，并运用各种优化技巧和安全机制来提高应用程序的效能和品质。多媒体开发高级技巧示意图，如图6-12所示。

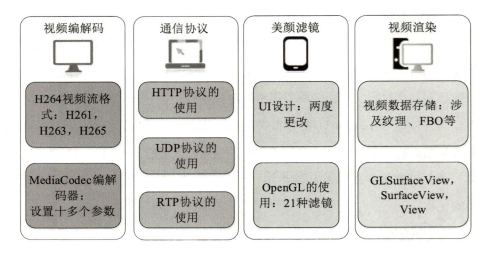

图6-12　多媒体开发高级技巧示意图

课后习题

一、选择题

1. HarmonyOS中的多媒体开发框架包括以下哪些常用的框架（　　　　）

　　A．MediaPlayer　　　　　　　　　　B．MediaCodec

　　C．MediaRecorder　　　　　　　　　D．MediaSync

2. HarmonyOS中的多媒体资源管理器的作用是（　　　　）

　　A．播放多媒体文件　　　　　　　　B．管理应用程序的多媒体资源

　　C．编码多媒体文件　　　　　　　　D．渲染多媒体特效

3. HarmonyOS中的多媒体编解码器的作用是（　　　　）

　　A．控制多媒体资源的访问权限　　　B．实现多媒体数据的传输

　　C．渲染多媒体特效　　　　　　　　D．解码和编码多媒体文件

4. HarmonyOS中的多媒体渲染器用于（　　　　）

　　A．播放多媒体文件　　　　　　　　B．管理应用程序的多媒体资源

　　C．编码多媒体文件　　　　　　　　D．渲染多媒体特效

5. HarmonyOS中的多媒体录制功能的基本原理是（　　　　）

　　A．通过摄像头捕捉图像和音频数据　B．解码多媒体文件并播放音频和视频

　　C．实时编码音频和视频数据　　　　D．加载和管理多媒体资源文件

6. 在HarmonyOS中，多媒体特效的作用是（　　　　）

　　A．控制多媒体文件的访问权限　　　B．压缩多媒体文件的大小

　　C．加密多媒体文件的内容　　　　　D．增强多媒体文件的视觉效果

7. HarmonyOS中的多媒体数据传输的基本原理是（　　　　）

　　A．通过网络传输多媒体文件

    B．将多媒体数据存储在本地文件中

    C．将多媒体数据转换为字节流进行传输

    D．使用多媒体编解码器进行数据传输

8．在HarmonyOS中，处理不同媒体格式兼容性的常用方法是（　　　　）

    A．使用统一的媒体编码格式

    B．转换媒体文件的分辨率

    C．支持多种媒体文件容器格式

    D．限制应用程序使用特定的媒体格式

9．HarmonyOS中的多媒体资源存储和加载的最佳实践是（　　　　）

    A．使用数据库管理多媒体资源的元数据

    B．通过网络加载多媒体资源

    C．使用本地存储器保存多媒体资源

    D．将多媒体资源保存在云存储中

10．在HarmonyOS中，以下哪个框架常用于多媒体播放功能（　　　　）

    A．OpenGL   B．ExoPlayer   C．Retrofit   D．ButterKnife

二、简答题

1．HarmonyOS中的多媒体渲染器是什么？解释多媒体渲染器在应用程序中的作用，并列举几个常见的多媒体渲染器。

2．简述多媒体技术的特点。

3．若开发者想要使用HarmonyOS的分布式能力，开发者可以选择哪些方式？

4．在HarmonyOS的系统架构中，哪些属于系统服务层？

5．简述HarmonyOS的四大技术特性。

6．HarmonyOS通过哪些技术或者方法来保证应用程序安全?

7．HarmonyOS中的多媒体编解码器是什么？为什么多媒体编解码器在多媒体开发中非常重要?

8．HarmonyOS中的多媒体开发中如何处理多媒体资源的存储和加载？讨论一些常见的多媒体资源管理技术和最佳实践。

第七章

开发与实践

7.1 应用程序的创建和运行

7.1.1 应用程序的创建

HarmonyOS的应用程序可以使用不同的编程语言，如C、C++、Java和JS等。但无论使用哪种编程语言，应用程序都必须符合HarmonyOS的应用程序开发框架和规范。

开发者创建HarmonyOS应用程序需要先了解HarmonyOS应用程序的架构和开发模式。HarmonyOS应用程序采用分层架构，应用程序分为应用层和框架层。开发者可以使用Java语言和HarmonyOS SDK来编写应用程序，同时也可以使用集成开发环境工具来创建和管理应用程序项目。创建HarmonyOS应用程序的步骤主要有六个：

（1）安装HarmonyOS的开发环境。

HarmonyOS开发环境，包括HarmonyOS SDK和开发工具集成开发环境。

（2）创建应用程序项目。

打开集成开发环境工具，选择"新建项目"，选择"HarmonyOS应用程序"作为项目类型，输入应用程序的名称、包名和版本信息，最后选择适当的目标设备。

（3）设计应用程序界面。

在集成开发环境工具中使用界面设计器来设计应用程序的用户界面。开发者可以根据应用程序的需求来选择不同的布局和控件，实现不同的功能。

（4）实现应用程序逻辑。

在集成开发环境工具中使用Java语言和HarmonyOS SDK来编写应用程序的逻辑代码。开发者可以使用HarmonyOS SDK提供的API来访问系统资源和实现不同的功能，如访问网络、读写文件等。

（5）编译和运行应用程序。

在IDE工具中点击"编译"按钮来编译应用程序，然后在目标设备上运行应用程序进行测试。在测试应用程序时，开发者需要注意应用程序的稳定性和性能，避免出现程序崩溃或卡顿的情况。

（6）打包和发布应用程序。

当应用程序完成开发和测试后，开发者需要将应用程序打包成APK或者HAP格式，并发布到应用市场或者其他渠道上。

需要注意的是，在创建HarmonyOS应用程序时，开发者需要遵守一定的规范和标准，如应用程序的包名、版本号、图标和启动画面等。同时，开发者也需要考虑应用程序的适配性和用户体验，确保应用程序能够在不同的设备和系统版本上正常运行。

7.1.2 应用程序的开发框架

HarmonyOS的应用程序开发框架包括底层系统框架和应用程序开发框架。底层系统框架包括底层驱动、内核服务和系统库等，应用程序开发框架包括UI框架、多媒体框架、网络框架等。

在HarmonyOS应用程序开发中，开发者可以使用应用程序开发框架提供的API和组件，使得应用程序更加易于开发。例如，开发者可以使用HarmonyOS提供的UI框架，快速创建应用程序的用户界面，同时，HarmonyOS应用程序开发框架还提供了丰富的API和组件，可使应用程序更加易于开发。以使用HarmonyOS提供的UI框架创建一个简单界面为例子，快速创建应用程序的用户界面。

代码如下：

```xml
<?xml version="1.0" encoding="utf-8"?>
<DirectionalLayout
    xmlns:ohos="http://schemas.huawei.com/res/ohos"
    ohos:height="match_parent"
    ohos:width="match_parent"
```

```
    ohos:orientation="vertical">
        <TextField
            ohos:id="$+id:text_field"
            ohos:height="match_content"
            ohos:width="match_content"
            ohos:text="Hello World!"/>
        <Button
            ohos:id="$+id:button"
            ohos:height="match_content"
            ohos:width="match_content"
            ohos:text="Click Me"/>
</DirectionalLayout>
```

在这个例子中，我们使用了DirectionalLayout来布局界面，以及TextField来显示文本，Button则是一个可点击的按钮。通过上面的XML文件，我们可以创建一个简单的界面。

7.1.3 应用程序的规范

为了确保HarmonyOS应用程序的质量和稳定性，HarmonyOS给开发者提供了应用程序规范。HarmonyOS应用程序规范是指在HarmonyOS下，应用程序的开发需要遵循的一系列规范和标准，只有符合应用规范的应用程序才能在HarmonyOS上运行。其中，应用规范包括编码规范、UI设计规范、安全规范等。开发者必须熟悉应用规范，才能确保应用程序的质量和稳定性。

这些规范和标准旨在保障应用程序的稳定性、安全性和用户体验。以下是一些常见的HarmonyOS应用程序规范：

（1）应用程序包名。

应用程序的包名必须是唯一的，格式为"com.example.appname"，其中"com"为固定前缀，后面的"example"为开发者自定义的名称，最后是应用程序的名称。

（2）应用程序图标。

应用程序的图标必须符合HarmonyOS应用程序图标的规范，图标大小为48×48像素，必须使用PNG格式，且不能使用透明色。

（3）应用程序启动画面。

应用程序的启动画面必须符合HarmonyOS应用程序启动画面的规范，画面大小为1080×1920 px，必须使用PNG格式，且不能使用透明色。

（4）应用程序适配性。

开发者需要考虑应用程序在不同的设备和系统版本上的适配性，确保应用程序能够正常运行并提供良好的用户体验。

（5）应用程序安全性。

应用程序需要保障用户隐私和数据安全，不得收集用户敏感信息，如通讯录、短信、定位等，并要防范"钓鱼"、欺诈等安全问题。

（6）应用程序界面设计。

应用程序的界面设计需要符合HarmonyOS应用程序界面的规范，包括颜色、字体、布局等方面。

（7）应用程序功能实现。

应用程序的功能实现需要符合HarmonyOS应用程序功能的规范，包括数据存储、网络访问、权限控制等方面。

（8）应用程序性能优化。

应用程序需要优化其性能，减少资源消耗，提升用户体验，避免出现卡顿、闪退等问题。

总之，HarmonyOS应用程序规范是HarmonyOS应用程序开发的基础，HarmonyOS应用程序的开发者需要遵循这些规范来保障应用程序的质量和稳定性，提高用户的体验。

7.1.4 开发环境的搭建

在开始HarmonyOS应用程序开发之前，开发者需要搭建开发环境。开发环境包括开发工具、编译器、调试器等。HarmonyOS提供了硬件开发工具包（Hardware

Development Kit，HDK），开发者可以从华为技术有限公司的官网上下载并安装。开发者还需要下载和安装编译器、调试器等工具。HarmonyOS应用程序开发环境搭建的步骤主要有以下九个：

（1）下载和安装JDK和Android Studio。

（2）下载硬件开发工具包并解压。

（3）在Android Studio中打开硬件开发工具包中的"hmIDE"项目。

（4）在Android Studio中设置硬件开发工具包的路径。

（5）在Android Studio中创建新的HarmonyOS应用程序项目。

（6）配置项目的相关属性，例如应用程序名称、包名等。

（7）编写应用程序代码。

（8）编译应用程序。

（9）运行和调试应用程序。

7.1.5 应用程序的创建步骤

HarmonyOS应用程序的创建步骤大致上可以分为创建应用程序项目（使用开发工具创建HarmonyOS应用程序项目）、编写代码（在项目中编写应用程序的代码）、编译代码（使用编译器将应用程序的代码编译成可执行文件）、打包应用程序（将可执行文件打包成应用程序的安装包）。

7.1.5.1 简单的HarmonyOS应用程序创建过程

（1）打开Android Studio。

（2）在Android Studio中创建一个新的HarmonyOS应用程序项目。

（3）在应用程序项目中创建一个新的Java类，作为应用程序的主活动（MainActivity）。

（4）在MainActivity类中编写应用程序代码，如设置UI界面、添加按钮、处理点击事件等。

（5）在应用程序的res/layout文件夹中创建一个XML布局文件，用于定义UI界面。

（6）在应用程序的AndroidManifest.xml文件中定义应用程序的名称、图标、主活动等信息。

（7）编译应用程序。

（8）运行应用程序，检查应用程序是否正常运行。

7.1.5.2 简单的HarmonyOS应用程序的代码

```
public class MainActivity extends AbilitySlice {
    @Override
    public void onStart(Intent intent) {
        super.onStart(intent);
        // 设置UI界面
        setUIContent(ResourceTable.Layout_main_layout);
        // 获取按钮对象
Button button = (Button) findComponentById(ResourceTable.Id_button);
        // 添加点击事件监听器
        button.setClickedListener(new Component.ClickedListener() {
            @Override
            public void onClick(Component component) {
                // 处理点击事件
Text text = (Text) findComponentById(ResourceTable.Id_text);
                text.setText("Hello World!");
            }
        });
    }
}
```

上面的代码中，我们在MainActivity类中重写了onStart方法，在其中设置了UI界面和添加了按钮的点击事件监听器。当用户点击"按钮"时，会更新界面上的文本。

7.1.6　应用程序的运行

HarmonyOS应用程序的运行需要依赖于HarmonyOS提供的运行时环境。应用程序需要符合HarmonyOS运行时的基本框架和机制，HarmonyOS应用程序的运行方式可以分为两种：一是在模拟器中运行，二是在真实设备上运行。在模拟器中运行可以帮助开发者更方便地测试应用程序的功能，而在真实设备上运行则可以帮助开发者测试应用程序实际的性能和适配性。

7.1.6.1　在模拟器中运行

先配置"Android Studio"环境，先安装对应版本的JDK文件，如图7–1所示。

Product/File Description	File Size	⬇ Download
Linux ARM 32 Hard Fload ABI	72.86 MB	Jdk-8u202-linux-arm32-vfp-hflt.tar.gz
Linux ARM 32 Hard Fload ABI	69.75 MB	Jdk-8u202-linux-arm64-vfp-hflt.tar.gz
Linux x86	173.08 MB	Jdk-8u202-linux-i586.rpm
Linux x86	187.9 MB	Jdk-8u202-linux-i586.tar.gz
Linux x64	170.15 MB	Jdk-8u202-linux-x86.rpm
Linux x64	185.05 MB	Jdk-8u202-linux-x86.tar.gz
Mac OS X x64	249.15 MB	Jdk-8u202-MacOSX-x64.dmg
Windows x86	201.64 MB	Jdk-8u202-windows-i586.exe
Windows x64	211.58 MB	Jdk-8u202-windows-x64.exe

图7–1　"Android Studio"环境所需的JDK文件

文件下载后，双击"运行"安装程序，点击"Next"，如图7–2所示。

图7–2　运行安装程序示意图

把"Android Virtual Device"勾起来（这是创建原生态Android系统模拟器的核心），然后点击"Next"，如图7-3所示。

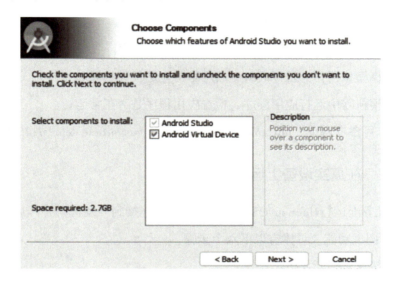

图7-3 "Android Virtual Device"安装示意图

可以自定义安装路径，最后直接点击"Install"下载安装，如图7-4所示。

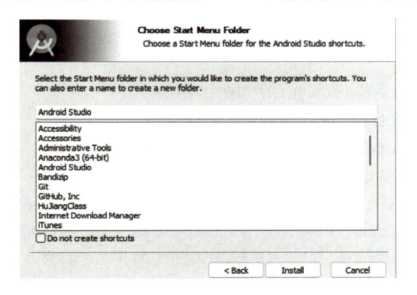

图7-4 "开始安装"确认示意图

（1）在模拟器中运行HarmonyOS应用程序需要先启动模拟器，然后在Android Studio中运行应用程序。

（2）启动模拟器。

在HDK中打开"hmIDE"项目，然后单击模拟器图标来启动模拟器。

（3）在Android Studio中打开应用程序项目。

（4）点击Android Studio的运行按钮来运行应用程序。

（5）选择模拟器作为目标设备，然后等待应用程序编译和安装完成。

（6）在模拟器中运行应用程序，检查应用程序是否正常运行。

具体操作可参考网址"https://blog.csdn.net/raspi_fans/article/details/125241703"。

7.1.6.2　在真实设备上运行

在真实设备上运行HarmonyOS应用需要把设备连接到开发机，并开启设备的开发者选项和USB调试功能。具体有以下六个步骤：

（1）连接设备到开发机。

使用USB线将设备连接到开发机上。

（2）开启设备的开发者选项和USB调试功能。

打开设备的"设置"应用程序，进入"关于手机"或"关于平板电脑"，然后连续点击七次"版本号"来启用开发者选项。进入开发者选项后，开启USB调试功能。

（3）在Android Studio中打开应用程序项目。

（4）点击Android Studio的运行按钮来运行应用程序。

（5）选择设备作为目标设备，然后等待应用程序编译和安装完成。

（6）在设备中运行应用程序，检查应用程序是否正常运行。

需要注意的是，在使用真实设备进行开发时，开发者需要确保设备和开发机之间的连接是稳定的。如果设备与开发机的连接不稳定，可能会导致应用程序无法正常运行或者运行缓慢。此外，开发者在测试应用程序时，应尽量避免在设备的低电量状态下运行应用程序，以免影响测试结果。

7.2　应用程序的UI设计与实现

UI是指用户界面，是用户和应用程序之间交互的平台。UI设计的目标是提供用户友好、易于操作和易于理解的界面，使得用户能够轻松地完成操作并获得满意的体验。

HarmonyOS应用程序提供了丰富的UI组件和布局方式，开发者可以根据应用程序灵活组合和使用。

7.2.1　常见的UI组件

（1）Button。

按钮，用于触发操作。

（2）Text。

文本视图，用于显示文本。

（3）Image。

图像视图，用于显示图片。

（4）EditText。

编辑文本视图，用于接收用户输入。

（5）ListView。

列表视图，用于显示列表数据。

（6）GridLayout。

网格布局，用于按行列排列UI组件。

（7）FlexLayout。

流式布局，用于自适应排列UI组件。

（8）TabList。

标签页布局，用于显示多个选项卡。

除了上述常见UI组件之外，HarmonyOS应用程序还提供了一些高级UI组件和效果，如：

①AR/VR组件。

可以在应用程序中嵌入AR/VR场景。

②画廊效果。

可以实现画廊的效果，支持手势滑动。

③水纹效果。

可以实现点击按钮时的水波纹效果。

7.2.2 UI设计与实现

在UI实现方面，HarmonyOS应用程序采用XML布局文件和Java代码相结合的方式进行UI开发。XML布局文件用于定义UI组件和布局，Java代码用于实现UI组件的事件响应和数据绑定等逻辑。

HarmonyOS应用程序的UI设计与实现是指在HarmonyOS下，应用程序的开发者需要遵循一系列UI设计和实现的规范和标准。这些规范和标准旨在保障应用程序的美观性、用户体验和易用性。与此同时，HarmonyOS应用程序的UI设计需要遵循一些基本的原则，如简洁、清晰、易用、直观、一致等。开发者需要在应用程序的设计过程中遵守这些原则，以达到最佳的用户体验。

7.2.3 UI设计与实现规范

（1）布局方式。

HarmonyOS应用程序支持多种布局方式，如线性布局、相对布局、网格布局等。开发者需要根据具体的应用程序需求选择合适的布局方式，以达到最佳的用户体验。

（2）颜色设计。

应用程序的颜色设计需要符合HarmonyOS应用程序颜色的规范，包括颜色、背景颜色、字体颜色等方面。开发者可以使用HarmonyOS应用程序提供的颜色库来选择合适的颜色，以保证应用程序的整体风格统一。

（3）图标设计。

应用程序的图标需要符合HarmonyOS应用程序图标的规范，大小为48×48像素，必须使用PNG格式，不能使用透明色。图标设计需要简洁、清晰，能够清楚地表达应用程序的功能。

（4）字体设计。

应用程序的字体需要符合HarmonyOS应用程序字体的规范，选择合适的字体，包括字体的大小、颜色、样式等方面。

（5）动画设计。

应用程序的动画设计需要符合HarmonyOS应用程序动画的规范，包括动画的类型、速度、效果等方面。开发者需要根据应用程序的功能和场景选择合适的动画设计方案，以提升用户体验。

（6）图片处理。

应用程序的图片处理需要符合HarmonyOS应用程序图片的规范，包括图片的格式、大小、质量等方面。开发者需要对图片进行优化处理，以确保应用程序的性能和稳定性。

（7）视觉效果。

HarmonyOS应用程序的UI设计需要注重视觉效果，包括配色、字体、图片等。开发者需要选择合适的视觉元素，以增强应用程序的美观性和吸引力。

（8）交互效果。

HarmonyOS应用程序的UI设计需要注重交互效果，包括手势、动画、提示等。开发者需要选择合适的交互元素，以增强应用程序的用户体验和易用性。

（9）设计工具。

HarmonyOS应用程序的UI设计可以借用一些常见的设计工具，如Sketch、Figma、Adobe XD等。这些工具可以帮助开发者更方便地设计和实现应用程序的UI界面。

（10）组件库。

HarmonyOS应用程序提供了丰富的组件库，包括文本框、按钮、图片、列表、滑块、开关等组件。开发者可以使用这些组件快速搭建应用程序的UI界面。

7.2.4　UI设计和实现的案例

假设我们要设计一个简单的计算器应用程序，首先，我们需要选择合适的颜色和字体，以确保应用程序的整体风格统一；其次，我们可以使用组件库中的文本框和按钮组件来搭建应用程序的UI界面；再次，我们需要添加交互效果，如点击按钮后显示计算结果的动画效果；最后，我们需要对应用程序进行测试和优化，以确保应用程序的性能和稳定性。

案例代码如下：

```
// 在js文件中引入UI组件和系统模块
import {
    Button,
    TextField,
    StackLayout,
    FlexLayout
} from '@system/components';
import {
    prompt,
    showToast
} from '@system/toast';
// 定义一个名为Calculator的组件类
export default class Calculator {
    // 构造函数
    constructor() {
        // 创建UI布局
```

```
this.layout = new FlexLayout({

    flexDirection: 'column',

    alignItems: 'center',

    justifyContent: 'center',

    width: '100%',

    height: '100%'

});

// 创建输入框

this.input = new TextField({

    placeholder: '请输入数字',

    width: '80%',

    margin: '0 0 40px 0'

});

// 创建按钮布局

this.buttonLayout = new StackLayout({

    flexDirection: 'row',

    alignItems: 'center',

    justifyContent: 'center'

});

// 创建加、减、乘、除按钮

this.addButton = new Button({

    text: '+',

    width: '25%',

    backgroundColor: '#dddddd',

    margin: '0 10px 0 0'

});

this.subButton = new Button({

    text: '-',
```

```
      width: '25%',

      backgroundColor: '#dddddd',

      margin: '0 10px 0 0'

    });

    this.mulButton = new Button({

      text: '*',

      width: '25%',

      backgroundColor: '#dddddd',

      margin: '0 10px 0 0'

    });

    this.divButton = new Button({

      text: '/',

      width: '25%',

      backgroundColor: '#dddddd',

      margin: '0 0 0 0'

    });

    // 绑定按钮事件

    this.addButton.on('click', () => {

      this.handleCalculate('+');

    });

    this.subButton.on('click', () => {

      this.handleCalculate('-');

    });

    this.mulButton.on('click', () => {

      this.handleCalculate('*');

    });

    this.divButton.on('click', () => {

      this.handleCalculate('/');

    });
```

```
// 将组件添加到布局中

this.buttonLayout.appendChild(this.addButton);

this.buttonLayout.appendChild(this.subButton);

this.buttonLayout.appendChild(this.mulButton);

this.buttonLayout.appendChild(this.divButton);

this.layout.appendChild(this.input);

this.layout.appendChild(this.buttonLayout);

}
// 处理计算结果

handleCalculate(operator) {

  const inputValue = Number(this.input.value);

  if (isNaN(inputValue)) {

    showToast({

      message: '请输入有效数字'

    });

    return;

  }

  let result;

  switch (operator) {

    case '+':

      result = inputValue + inputValue;

      break;

    case '-':

      result = inputValue - inputValue;

      break;

    case '*':

      result = inputValue * inputValue;
```

```
        break;
    case '/':
        result = inputValue / inputValue;
        break;
    default:
        break;
    }
    prompt({
        message: '计算结果为：${result}'
    });
    }
}
```

这段代码是一个简单的计算器应用程序的实现，它使用了HarmonyOS的UI组件和系统模块，以下是对代码的详细解释：

首先，在开头部分，我们使用import语句引入了需要使用的UI组件和系统模块。其中，Button、TextField、StackLayout、FlexLayout是HarmonyOS提供的UI组件，而prompt、showToast则是HarmonyOS提供的系统模块。

其次，我们定义了一个名为Calculator的组件类。在这个类的构造函数中，我们先创建了一个FlexLayout布局，并设置了它的一些属性，如flexDirection、alignItems、justifyContent、width、height等。

再次，我们创建了一个TextField输入框，并设置了它的一些属性，如placeholder、width、margin等。

从次，我们创建了一个StackLayout布局，用于放置四个操作按钮。再创建了加、减、乘、除四个按钮，并设置了它们的一些属性，如text、width、background-Color、margin等。

最后，我们通过appendChild方法将这些组件添加到布局中。

在Calculator类中，我们还定义了一个handleCalculate方法，用于处理计算结果。在这个方法中，首先，应用程序获取了输入框的值，并将其转换为Number类型。如

198

果输入的不是有效数字，应用程序则弹出提示框并返回。其次，应用程序根据传入的操作符进行相应的计算，并将结果保存在result变量中。最后，应用程序使用prompt方法弹出一个提示框，显示计算结果。

在组件类定义完成后，我们需要将其导出为默认模块，以便在其他文件中使用。导出的方法可以使用export default语句将组件类导出为默认模块。这样在其他文件中的应用程序就可以通过import语句引入这个组件类，并使用它创建实例。

7.3 应用程序的数据存储与管理

本节主要介绍HarmonyOS应用程序中的数据存储和管理方式，包括文件存储、数据库存储和共享偏好存储等内容。

第一，文件存储，将介绍HarmonyOS的文件存储方式，包括内部存储和外部存储。内部存储是指应用程序的私有存储空间，外部存储是指SD卡等外部储存介质。同时，该部分内容还将介绍如何在应用程序中使用File API进行文件读写操作，包括文件创建、文件写入、文件读取和文件删除等。

第二，数据库存储，将介绍如何在HarmonyOS中使用SQLite数据库进行数据存储。该部分包括数据库创建、数据表创建、数据插入、数据查询和数据删除等内容。

第三，共享偏好存储，将介绍如何在HarmonyOS中使SharedPreference对应用程序的数据进行存储。共享偏好存储主要用于存储一些简单的键值对数据，例如应用程序的设置信息、用户信息等。该部分内容主要阐述如何使用SharedPreference进行数据存储和读取操作。

7.3.1　文件存储

在HarmonyOS中，文件存储是应用程序开发中非常重要的一部分，因为应用程序需要存储和管理各种类型的数据，如应用程序本身的配置信息、用户数据、媒体文件等。

HarmonyOS提供了一种文件系统访问接口来支持应用程序进行文件的读写操作。在使用文件系统访问接口之前，程序需要先获取文件系统的实例。具体的方法是调用DeviceFilesystemManager中的getFileSystemManager()方法来获取文件系统管理器，然后通过文件系统管理器获取相应的文件系统实例。

下面是一个使用文件系统访问接口进行文件读写操作的示例。

```java
import ohos.app.Context;
import ohos.app.Environment;
import ohos.security.SystemPermission;
import java.io.File;
import java.io.FileOutputStream;
import java.io.IOException;
public class FileHelper {
    private static final String FILE_NAME = "test.txt";
    public static void writeToFile(Context context, String data) {
if (context.verifySelfPermission(SystemPermission.WRITE_USER_STORAGE) == 0) {
File file = new File(Environment.getExternalStorageDirectory(), FILE_NAME);
            try (FileOutputStream fos = new FileOutputStream(file)) {
                fos.write(data.getBytes());
            } catch (IOException e) {
                e.printStackTrace();
            }
        }
    }
}
```

这段代码是一个简单的文件写入操作，其中包含了如下几个部分：

（1）导入相关类和接口。

import ohos.app.Context;

import ohos.app.Environment;

import ohos.security.SystemPermission;

import java.io.File;

import java.io.FileOutputStream;

import java.io.IOException;

在代码的开头，我们导入了ohos.app.Context、ohos.app.Environment、ohos.security. SystemPermission等相关类和接口，这些类和接口提供了在HarmonyOS中进行文件操作所需的方法和权限。

（2）定义常量。

private static final String FILE_NAME = "test.txt";

在代码中，我们定义了一个名为FILE_NAME的常量，用于指定文件名。

（3）文件写入操作。

```
public static void writeToFile(Context context, String data) {       if(context.verifySelf
Permission(SystemPermission.WRITE_USER_STORAGE) == 0) {
        Filefile=newFile(Environment.getExternalStorageDirectory(), FILE_
NAME);
        try (FileOutputStream fos = new FileOutputStream(file)) {
            fos.write(data.getBytes());
        } catch (IOException e) {
            e.printStackTrace();
        }
    }
}
```

在代码中，我们定义了一个名为writeToFile的静态方法，该方法接受两个参数，一个Context对象和一个String对象。该方法用于将传入的字符串数据写入到名为"test.

txt"的文件中。

首先，用代码中的context.verifySelfPermission(SystemPermission.WRITE_USER_STORAGE)方法来检查是否有写入外部存储器的权限。如果权限存在，我们使用Environment.getExternalStorageDirectory()方法获取外部存储器的路径，并创建一个名为"test.txt"的文件。然后，我们使用FileOutputStream语句将传入的字符串数据写入到该文件中。需要注意的是，我们需要使用try-with-resources语句来自动关闭文件流。在文件写入操作过程中，如果出现异常，我们将打印异常堆栈信息。

除了上述示例中的文件读写操作外，HarmonyOS还提供了其他文件操作的接口，如文件拷贝、移动、重命名等。这些接口都可以通过文件系统访问接口进行调用，但HarmonyOS中的文件系统访问接口并不支持所有的文件系统类型，目前仅支持FAT、ext4、NTFS等文件系统类型。因此，开发者在进行文件操作时需要确保使用的文件系统类型是被支持的。

总之，文件存储是应用程序中不可或缺的一部分，HarmonyOS为开发者提供了文件系统访问接口，便于开发者进行文件的读写操作，并提供了其他文件操作的接口以满足不同的开发需求。

7.3.2　数据库存储

HarmonyOS应用程序中常用的数据存储方式和管理技巧，主要包括SharedPreferences、SQLite、File及分布式数据存储技术。

7.3.2.1　SharedPreferences

SharedPreferences是一种轻量级的数据存储方式，用于存储小型的简单数据，如键值对。该方式的优点是易于使用和操作，不需要考虑复杂的数据类型和表结构。但这种方式存储的数据量有限，适用于存储少量的简单数据，如用户的偏好设置、应用程序的配置信息等。

以下是一个使用SharedPreferences方式来存储和读取数据的示例。

// 存储数据(使用Java)

Preferences preferences = Preferences.getPreferences(this);

preferences.putString("key", "value");

// 读取数据

String value = preferences.getString("key", "default");

7.3.2.2　SQLite

SQLite是一种关系型数据库管理系统，适合存储和管理结构化的数据。在HarmonyOS应用程序中，SQLite常用于存储大量、复杂的数据，如联系人、日程安排等。通过SQLite，应用程序可以实现高效的数据查询和管理。

以下是一个使用SQLite进行数据存储和查询的示例。

```
// 打开或创建数据库（使用Java）

DatabaseHelper helper = new DatabaseHelper(this, "myDatabase.db");

SQLiteDatabase db = helper.getWritableDatabase();

// 插入数据

ContentValues values = new ContentValues();

values.put("name", "张三");

values.put("age", 18);

db.insert("user", null, values);

// 查询数据

Cursor cursor = db.query("user", null, null, null, null, null, null);

while (cursor.moveToNext()) {

    String name = cursor.getString(cursor.getColumnIndex("name"));

    int age = cursor.getInt(cursor.getColumnIndex("age"));

}

cursor.close();

db.close();
```

7.3.2.3 File

File是一种基于文件系统的数据存储方式，用于存储任意类型的数据，例如文本、图片、音频、视频等。该方式的优点是灵活性强，可以存储各种类型的数据，但需要考虑文件的大小、路径、权限等问题。

以下是一个使用File进行数据存储和读取的示例：

```
// 存储数据（使用Java）
File file = new File(getFilesDir(), "data.txt");
try {
    FileOutputStream fos = new FileOutputStream(file);
    fos.write("Hello, World!".getBytes());
    fos.close();
} catch (IOException e) {
    e.printStackTrace();
}
// 读取数据
try {
    FileInputStream fis = new FileInputStream(file);
    byte[] buffer = new byte[1024];
    int length = fis.read(buffer);
    String data = new String(buffer, 0, length);
    fis.close();
} catch (IOException e) {
    e.printStackTrace();
}
```

7.3.2.4 分布式数据存储技术

分布式数据存储技术是一种将数据存储在多个设备上，实现数据共享和同步的技术。在HarmonyOS应用程序中，可以使用分布式数据存储服务（Distributed Data Storage，DDS）实现分布式数据存储。

DDS提供了一种简单的方式来存储和访问数据，开发者无需考虑设备之间的连接和同步问题。DDS还支持数据的版本管理和权限控制，保证数据的一致性和安全性。

以下是一个使用DDS进行分布式数据存储的示例：

```
// 创建数据存储服务
DistributedData data = new DistributedDataManager(this).getDistributedData
("myData");
// 存储数据
data.putString("key", "value");
// 读取数据
String value = data.getString("key", "default");
```

在上面的示例中，首先通过DistributedDataManager获取分布式数据存储服务，然后使用putString和getString方法来存储和读取数据。应用程序如果需要在多个设备之间共享数据，只需要使用相同的分布式数据存储服务名称即可。

此外，DDS还支持数据版本管理和权限控制，示例代码如下：

```
// 创建数据存储服务，并设置数据版本号
DistributedData data = new DistributedDataManager(this).getDistributedData
("myData", 1);
// 存储数据
data.putString("key", "value");
// 获取数据版本号
long version = data.getVersion();
// 设置数据权限控制
DataPermission permission = new DataPermission();
permission.setPermission(DataPermission.PERMISSION_READ);
data.setPermission(permission);
```

在上面的示例中，首先，我们通过getDistributedData方法创建分布式数据存储服

务，并设置数据版本号为1；其次，我们使用putString方法存储数据及getVersion方法获取数据版本号；最后，我们使用setPermission方法设置数据的读权限为公开，允许其他用户可以读取该数据。

总之，DDS提供了一种简单、可靠的分布式数据存储方案，可以让应用程序方便地实现数据共享和同步，提高了应用程序的可用性和可靠性。

7.3.3 共享偏好存储

共享偏好存储（SharedPreference）是HarmonyOS应用程序中一种轻量级的数据存储方式，可以用来存储一些应用程序配置信息、用户设置和应用程序状态等数据。

与传统的共享偏好存储不同的是，HarmonyOS应用程序中的共享偏好存储支持多用户共享，即不同用户可以在同一设备上使用同一个应用程序，并共享同一个共享偏好存储。

以下是一个使用共享偏好存储进行数据存储的示例：

```
// 获取共享偏好存储对象
SharedPreference sharedPreference =getPreferences(FileContext.MODE_PRIVATE);
// 存储数据
sharedPreference.putString("key", "value");
// 读取数据
String value = sharedPreference.getString("key", "default");
```

在上面的示例中，我们先通过getPreferences方法获取共享偏好存储对象，然后使用putString和getString方法来存储和读取数据。

除了存储简单的字符串数据，共享偏好存储还可以存储其他基本类型数据和对象数据。示例代码如下：

```
// 存储整型数据
sharedPreference.putInt("key", 123);
// 存储布尔型数据
sharedPreference.putBoolean("key", true);
```

// 存储对象数据

Person person = new Person("张三", 18);

sharedPreference.putString("person", JSON.toJSONString(person));

// 读取对象数据

String personJson = sharedPreference.getString("person", "");

Person person = JSON.parseObject(personJson, Person.class);

在上面的示例中，我们使用了putInt和putBoolean方法存储整型和布尔型数据，还使用了JSON序列化将对象数据转换为字符串，以及putString和getString方法存储和读取对象数据。

总之，共享偏好存储是HarmonyOS应用程序中一种简单、灵活、易用的数据存储方式，适用于存储应用配置信息、用户设置和应用状态等数据。同时，共享偏好存储还支持多用户共享，可以提高应用程序的可用性和用户体验。

7.4　应用程序的网络通信与安全

7.4.1　分布式通信能力

本节主要介绍HarmonyOS在网络通信和数据安全方面的特点和应用。HarmonyOS是华为技术有限公司自主研发的操作系统，具有很多特点和优势。HarmonyOS具备分布式通信能力，可以实现多个设备之间的数据共享和协同工作。例如，多个搭载HarmonyOS的手机可以通过分布式数据管理（Distributed Data Management，DDM）服务共享同一份数据，并可以对数据实现实时同步和修改。另外，HarmonyOS还支持分布式安全通信机制，可以对数据进行加密和认证，保证数据传输的安全性。下面分别对HarmonyOS的分布式通信能力与分布式安全通信机制进行详细的讲解并举例说明。

　　HarmonyOS具有分布式通信的基础架构和技术，可以让多个搭载HarmonyOS的设备（如华为智能手机、华为平板电脑、华为智能手表等）互相连接和通信，实现数据的共享和协同工作。具体来说，HarmonyOS提供了以下四种分布式通信服务。

7.4.1.1　分布式数据管理

　　HarmonyOS可以通过分布式数据管理服务，将不同设备上的数据进行修改和实时同步。例如，一份文档可以在不同的搭载HarmonyOS的手机上进行编辑和修改，并实时同步到其他搭载HarmonyOS的手机和电脑上，从而实现多人协作。

　　下面是一个简单的示例代码：

```
// 获取DDM数据连接
DataAbilityHelper helper = DataAbilityHelper.creator(context, uri);
try {
    // 插入数据
    ValuesBucket values = new ValuesBucket();
    values.put("name", "John");
    values.put("age", 25);
    helper.insert(uri, values);
    // 更新数据
    DataAbilityPredicates predicates = new DataAbilityPredicates();
    predicates.equalTo("name", "John");
    ValuesBucket updateValues = new ValuesBucket();
    updateValues.put("age", 26);
    helper.update(uri, updateValues, predicates);
    // 查询数据
    DataAbilityPredicates queryPredicates = new DataAbilityPredicates();
    queryPredicates.equalTo("name", "John");
```

```
        ResultSet resultSet = helper.query(uri, new String[]{"name", "age"},
queryPredicates);
        // 遍历查询结果
        while (resultSet.goToNextRow()) {
            String name = resultSet.getString(0);
            int age = resultSet.getInt(1);
            Log.i(TAG, "Name: " + name + ", Age: " + age);
        }
        // 关闭连接
        resultSet.close();
        helper.release();
    } catch (DataAbilityRemoteException e) {
        e.printStackTrace();
    }
```

下面对每个操作进行详细的解析：

（1）获取分布式数据管理数据连接。

DataAbilityHelper helper = DataAbilityHelper.creator(context, uri);

DataAbilityHelper是一个帮助类，用于管理分布式数据操作的连接。其中creator()方法用于创建连接，它需要传入两个参数：Uri对象和Context对象。Uri对象指定了要操作的数据表的路径。Context对象，这里指需要传入合适的上下文对象，如Activity或Service的上下文。

（2）插入数据。

ValuesBucket values = new ValuesBucket();

values.put("name", "John");

values.put("age", 25);

helper.insert(uri, values);

上述代码中ValuesBucket用于存储要插入的数据。其中put()方法用于添加键值对，表示要插入的数据项；helper.insert()方法用于执行插入操作，需要传入两个参数：Uri对象和ValuesBucket对象。

（3）更新数据。

```
DataAbilityPredicates predicates = new DataAbilityPredicates();

predicates.equalTo("name", "John");

ValuesBucket updateValues = new ValuesBucket();

updateValues.put("age", 26);

helper.update(uri, updateValues, predicates);
```

上述代码中DataAbilityPredicates用于构建查询条件。其中equalTo()方法用于添加查询条件，表示要更新的数据项；ValuesBucket用于存储要更新的数据；helper.update()方法用于执行更新操作，需要传入三个参数：Uri对象、ValuesBucket对象和DataAbilityPredicates对象。

（4）查询数据。

```
DataAbilityPredicates queryPredicates = new DataAbilityPredicates();

queryPredicates.equalTo("name", "John");

ResultSet resultSet = helper.query(uri, new String[]{"name", "age"}, queryPredicates);
```

上述代码中DataAbilityPredicates用于构建查询条件。其中，equalTo()方法用于添加查询条件，表示要查询的数据项；helper.query()方法用于执行查询操作，需要传入三个参数：Uri对象、要查询的字段数组和DataAbilityPredicates对象。查询结果会保存在ResultSet对象中。ResultSet是用于处理查询结果的类，它提供了一种迭代方式来访问查询结果的各行数据。

（5）遍历查询结果。

```
while (resultSet.goToNextRow()) {

    String name = resultSet.getString(0);

    int age = resultSet.getInt(1);

    Log.i(TAG, "Name: " + name + ", Age: " + age);

}
```

上述代码中ResultSet对象用于保存查询结果。其中，goToNextRow()方法用于遍历查询结果；getString()和getInt()方法用于获取查询结果中的数据；应用程序通过这些方法可以将查询结果保存在变量中。

（6）关闭连接。

resultSet.close();

helper.release();

查询完成后需要关闭ResultSet和DataAbilityHelper对象。其中close()方法用于关闭ResultSet对象，release()方法用于关闭DataAbilityHelper对象。这样可以释放连接和资源，避免资源泄露和占用。

7.4.1.2　分布式安全通信机制

HarmonyOS支持分布式安全通信机制，可以对数据进行加密和认证，保证数据传输的安全性。例如，用户可以通过搭载HarmonyOS的设备之间的加密通信，安全地传输个人隐私和敏感数据。

下面是一个简单的示例代码：

```
// 获取分布式安全通信实例
DistributedSecurity security = DistributedSecurity.getInstance(context);
try {
    // 对数据进行加密
    byte[] encryptedData = security.encrypt(data, publicKey);
    // 对数据进行解密
    byte[] decryptedData = security.decrypt(encryptedData, privateKey);
} catch (DistributedSsException e) {
    e.printStackTrace();
}
```

这段代码展示了开发者如何使用分布式安全通信机制对数据进行加密和解密。其中，DistributedSecurity是分布式安全通信实例的获取类，使用getInstance方法获取实例，需要传入context参数。程序使用实例的encrypt方法对数据进行加密，加密完成后返回加密后的数据。该方法接收两个参数：需要加密的数据和公钥。程序使用实例的decrypt方法对加密后的数据进行解密，解密完成后返回解密后的数据。该方法接收两个参数：需要解密的数据和私钥。

需要注意的是，在加密和解密的过程中，程序如果发生异常，则会抛出DistributedSsException异常。因此，程序使用了try-catch块来处理异常情况。

7.4.1.3　分布式任务协同服务

HarmonyOS可以通过分布式任务协同（Distributed Task Collaboration，DTC）服务，实现不同设备之间的任务分配和协作。例如，一个任务可以分配给多个设备协同完成，每个设备负责完成其中的一部分，最后将完成的结果进行合并。

下面是简单的代码展示：

```
// 获取分布式任务管理实例
DistributedTask task = DistributedTask.getInstance(context);
try {
    // 创建任务
    TaskInfo taskInfo = new TaskInfo();
    taskInfo.setTaskName("Download File");
    taskInfo.setTaskDesc("Download a file from remote server");
    taskInfo.setTaskType(TaskInfo.TASK_TYPE_NETWORK);
    // 添加任务参数
    Bundle taskParams = new Bundle();
    taskParams.putString("url", "http://example.com/file.txt");
    taskParams.putString("destination", "/mnt/sdcard/file.txt");
    taskInfo.setTaskParams(taskParams);
    // 添加任务到任务列表
    String taskId = task.addTask(taskInfo);
    // 启动任务
    task.startTask(taskId);
    // 监听任务状态
    task.addTaskListener(new TaskListener() {
```

```
        @Override

        public void onTaskStarted(String taskId) {

                Log.i(TAG, "Task " + taskId + " started");

        }

        @Override

        public void onTaskProgress(String taskId, int progress) {

                Log.i(TAG, "Task " + taskId + " progress: " + progress + "%");

        }

        @Override

        public void onTaskCompleted(String taskId, int result) {

                if (result == TaskListener.RESULT_SUCCESS) {

                        Log.i(TAG, "Task " + taskId + " completed successfully");

                } else {

                        Log.i(TAG, "Task " + taskId + " failed with error code " + result);

                }

        }

    });

} catch (DistributedTaskException e) {

        e.printStackTrace();

}
```

这段代码展示了程序如何使用分布式任务管理机制创建、启动和监听任务。其中，DistributedTask是分布式任务管理实例的获取类。第一，程序使用getInstance方法获取实例，需要传入context参数。第二，程序创建一个TaskInfo对象来描述一个任务的信息，包括任务名称、任务描述和任务类型。第三，程序添加任务参数，即传递给任务的数据，可以使用Bundle对象来保存任务参数。第四，设置完任务信息和任务参数后，程序使用addTask方法将任务添加到任务列表中，该方法会返回任务的唯一标识符。第五，使用startTask方法启动任务。第六，程序使用addTaskListener方法添加任务监听器，即监听任务的启动、进度和完成状态。任务监听器实现了TaskListener接口,其中定义了三个方法:onTaskStarted、onTaskProgress和onTaskCompleted。当任务启动时,onTaskStarted方法会被调用;当任务进度更新时,onTaskProgress方法会被调用;当任务完成时,onTaskCompleted方法会被调用。整个创建、启动和监听任务的过程中,程序如果发生异常,则会抛出DistributedTaskException异常。因此,程序使用了try-catch块来处理异常情况。

7.4.1.4 分布式安全终端服务

HarmonyOS可以通过分布式安全终端(Distributed Security Terminal,DST)服务,将多个搭载HarmonyOS的设备连接成一个安全的终端,实现安全数据的共享和协同工作。例如,在某些场景下,多个搭载HarmonyOS的手机可以连接成一个安全终端,进行安全通信和共享安全数据。

下面通过一些简单的代码来展示:

```
// 获取分布式安全终端实例
DistributedTerminal terminal = DistributedTerminal.getInstance(context);
try {
    // 创建安全终端连接
    TerminalSession session = terminal.createSession();
    // 发送指令并接收响应
    String command = "ls -l";
    String response = session.executeCommand(command);
    // 关闭安全终端连接
    session.close();
} catch (DistributedTerminalException e) {
    e.printStackTrace();
}
```

这段代码展示了程序如何使用分布式安全终端服务来创建一个安全终端连接,执行指令并接收响应。具体的解析如下。

首先,程序通过调用DistributedTerminal.getInstance(context)方法获取分布式安全

终端实例。

其次，程序通过调用terminal.createSession()方法创建一个安全终端连接，并返回一个TerminalSession对象。

再次，程序使用TerminalSession对象的executeCommand()方法发送指令并接收响应。在这个例子中，执行了"ls –l"指令，并将响应保存到response变量中。

最后，程序通过调用session.close()方法关闭安全终端连接，释放相关资源。

需要注意的是，如果指令执行过程中出现异常，比如连接断开或者指令无法执行等，程序中executeCommand()方法会抛出DistributedTerminalException异常。因此，我们需要在代码中添加相应的异常处理代码。

总的来说，分布式安全终端服务提供了一种安全的远程终端访问方式，允许用户在分布式环境下远程执行指令，并获取执行结果。这对于需要在多台设备之间进行远程操作的场景非常有用。

7.4.2　应用程序的多协议通信能力

HarmonyOS支持多种通信协议，包括Wi-Fi、蓝牙、NFC等，可以实现不同设备之间的互联互通。例如，搭载HarmonyOS的手机可以通过蓝牙和耳机进行连接，实现音频传输和控制。

本节将主要介绍HarmonyOS在多协议通信方面的能力，包括传统的TCP/IP协议、Websocket协议及CoAP协议等。HarmonyOS为开发者提供了更加灵活的通信方式，提高了通信的效率和可靠性。

具体来说，HarmonyOS提供了一个名为"Transport Engine"的通信引擎，该引擎可以支持多种协议，包括HTTP/1.1、HTTP/2、HTTP/3、Websocket、CoAP等。通过这个通信引擎，开发者可以轻松实现不同协议之间的切换，从而满足不同场景下的通信需求。

下面通过一个简单的例子来介绍如何使用HarmonyOS的多协议通信能力。

第一，我们可以使用Transport Engine来创建一个HTTP/1.1的客户端。如：

HttpClient client = TransportEngine.createHttpClient();

第二，我们可以使用这个客户端来发送HTTP请求，如：

HttpRequest request = new HttpRequest("http://example.com/");

HttpResponse response = client.send(request);

当然，如果需要使用其他协议，我们也可以使用对应的客户端来进行通信。如：

WebsocketClient client = TransportEngine.createWebsocketClient();

除了客户端，HarmonyOS还提供了对应的服务端实现。如：

HttpServer server = TransportEngine.createHttpServer();

通过这个服务端，我们可以监听指定的端口，并处理客户端的请求。如：

```
HttpListener listener = new HttpListener() {
    @Override
    public HttpResponse onRequest(HttpRequest request) {
        // 处理请求并返回响应
        HttpResponse response = new HttpResponse();
        response.setStatus(HttpResponse.STATUS_OK);
        response.setBody("Hello World!");
        return response;
    }
};
server.registerListener(listener);
server.start();
```

除了HTTP协议，HarmonyOS还提供了对其他协议的支持，如CoAP协议。

CoapClient client = TransportEngine.createCoapClient();

CoapRequest request = new CoapRequest(CoapRequest.GET, "coap://example.com/");

CoapResponse response = client.send(request);

需要注意的是，HarmonyOS中不同协议之间的使用方式可能略有差异，具体使用说明可以参考相关文档和示例代码。

总之，HarmonyOS的多协议通信能力为开发者提供了更加灵活、高效和可靠的通信方式，有助于开发出更加优秀的应用程序。

7.4.3　应用程序的安全机制

HarmonyOS在安全方面具备多重保障机制，包括身份认证、数据加密、权限管理等。如，搭载HarmonyOS的手机可以通过指纹识别和面部识别等技术进行身份认证，并对用户数据进行加密保护。另外，HarmonyOS还支持基于角色的访问控制（Role-Based Access Control，RBAC）和基于策略的访问控制（Policy-Based Access Control，PBAC）等权限管理机制，可以对系统资源进行细粒度的控制和保护。

HarmonyOS应用程序的安全机制主要包括以下五个方面。

7.4.3.1　权限管理机制

HarmonyOS采用基于能力的权限管理机制，将应用程序的权限进行细分和分类，使授权过程更加精细，能够提供更加精确的权限控制。HarmonyOS通过标准的能力定义，将应用程序能力分为多个级别，每个级别都具有明确的访问权限，可以有效避免应用程序滥用权限的情况。

HarmonyOS应用程序采用基于能力的权限管理机制，即应用程序需要的每个能力都需要向系统获取相应的权限，用户可以根据自己的需求对应用程序的权限进行授权或禁用。

举例来说，如果一个应用程序需要访问用户的相机，就需要向系统申请相应的权限，并在用户授权后才能使用相机的相关功能。下面是一个申请相机权限并使用相机的示例代码。

```
// 检查相机权限
if (AbilityUtils.verifySelfPermission(this, PERMISSION_CAMERA) != PermissionResult.SUCCESS) {
    // 如果没有相机权限，申请权限
    AbilityUtils.requestPermissions(this, new String[]{PERMISSION_CAMERA}, REQUEST_CODE_CAMERA_PERMISSION);
} else {
    // 如果已经有相机权限，直接打开相机
```

```
    startCamera();

}
```

7.4.3.2　应用程序隔离机制

HarmonyOS采用多层隔离机制来确保应用程序的安全性。每个应用程序都运行在一个独立的进程中，应用程序之间的通信通过系统提供的进程间通信机制进行，能够有效避免应用程序之间的干扰和攻击。

HarmonyOS应用程序采用轻量级虚拟化技术，实现应用程序之间的隔离，使每个应用程序都在自己的虚拟环境中运行，与其他应用程序和系统隔离开来，以保护应用程序的安全性和隐私。

举例来说，如果一个应用程序需要访问另一个应用程序的数据，就需要先向系统申请相应的能力，让系统在另一个应用程序中开放相应的接口，才能进行访问。下面是一个调用其他API的示例代码。

```
// 获取远程应用程序能力
IRemoteObject remoteObject = getRemoteObject();
// 调用远程API
IRemoteInterface remoteInterface = IRemoteInterface.asInterface(remoteObject);
String result = remoteInterface.doSomething();
```

7.4.3.3　数据加密机制

HarmonyOS提供了数据加密的支持，通过对敏感数据进行加密处理，能够有效避免数据泄露的情况。在HarmonyOS中，应用程序可以通过系统提供的加密API，对数据进行加密和解密操作。

HarmonyOS应用程序提供了分布式安全通信、分布式安全存储等安全机制，以保护应用程序中的敏感数据不被泄露和篡改。应用程序可以通过HarmonyOS提供的安全API，对数据进行加密和解密。

举例来说，一个应用程序如果需要对用户的敏感数据进行加密保护，那么可以使用HarmonyOS提供的分布式安全通信API，对数据进行加密和解密。下面是一个加密和解密数据的示例代码。

```
// 获取分布式安全通信实例

DistributedSecurity security = DistributedSecurity.getInstance(context);

// 对数据进行加密

byte[] encryptedData = security.encrypt(data, publicKey);

// 对数据进行解密

byte[] decryptedData = security.decrypt(encryptedData, privateKey);
```

7.4.3.4 安全更新机制

HarmonyOS具有安全更新机制，能够及时修复系统漏洞和安全隐患，提供更加安全的使用体验。在HarmonyOS中，系统升级和安全更新由系统自动完成，用户无需手动干预。

假设我们有一个Java Web应用程序，其中有一个方法用于向数据库中添加用户。我们在这个方法中发现了一个安全漏洞，攻击者可以通过该漏洞注入恶意SQL语句，从而获取敏感数据或对数据库进行恶意操作。为了修复这个漏洞，我们需要使用参数化查询和准备语句来防止SQL语句恶意注入与攻击。下面是一个示例代码段。

```
public void addUser(String username, String password) {

    try {

        Connection conn = getConnection();

        String sql = "INSERT INTO users (username, password) VALUES (?, ?)";

        PreparedStatement stmt = conn.prepareStatement(sql);

        stmt.setString(1, username);

        stmt.setString(2, password);

        stmt.executeUpdate();

    } catch (SQLException e) {

        e.printStackTrace();

    }

}
```

在上面的代码段中，我们使用PreparedStatement来执行SQL查询，并使用问号占位符来代替用户输入的数据。这样，即使攻击者尝试注入恶意SQL语句，也不会对数据库产生影响，因为输入的数据已经被转义和验证。

7.4.3.5　安全审计机制

HarmonyOS提供了安全审计机制，能够对系统中的安全事件进行监控和记录，及时发现和处理潜在的安全问题。为了监视和审计应用程序的行为，我们可以使用Java的日志记录工具，如log4j。假设我们想要记录用户登录行为，并在发现可疑活动时记录日志，我们可以使用日志记录工具。以下是一个示例代码段：

```
public boolean login(String username, String password) {
        boolean isAuthenticated = authenticate(username, password);
        if (isAuthenticated) {
            log.info("Successful login: " + username);
        } else {
            log.warn("Failed login attempt: " + username);
        }
        return isAuthenticated;
}
```

在上面的代码段中，我们使用log4j来记录用户登录行为。如果用户成功登录，我们会记录一条信息级别为info的日志；如果用户登录失败，则记录一条信息级别为warn的日志。这样，我们就可以在发现可疑活动时进行审计，并找出安全问题的根本原因。

HarmonyOS中的安全审计机制可以记录用户和应用程序的安全行为。例如，系统可以记录某个应用程序向外发送数据的行为，包括数据的类型、大小和目标地址等信息。这些信息可以帮助用户识别可能存在的安全问题，并采取相应的措施加以解决。

除了以上几个方面，HarmonyOS应用程序的安全机制还包括了防止Root和"越狱"等技术，以及防范恶意软件和病毒的入侵。HarmonyOS应用程序的安全机制是

HarmonyOS的重要组成部分，能够为用户提供更加安全可靠的使用体验。

7.4.4 应用程序的网络性能优化

HarmonyOS在网络通信方面进行了多项优化，提高了系统的响应速度和传输效率。例如，HarmonyOS采用了基于权重的网络调度算法，可以根据网络带宽和实时传输情况，对网络传输进行智能调度，提高了数据传输的效率和可靠性。

7.4.4.1 网络组件

开发者需要熟悉HarmonyOS的网络组件，在HarmonyOS中，网络组件是一组可用于进行网络通信的组件。以下是HarmonyOS提供的主要网络组件。

（1）HTTP组件。

HTTP是一种应用层协议，用于传输超文本。在HarmonyOS中，HTTP组件提供了多种HTTP客户端，包括HttpClient和HttpURLConnection，以及一些用于处理HTTP响应的工具类。通过HTTP组件，应用程序可以实现Web页面、API调用和文件下载等网络功能。

（2）TCP组件。

TCP是一种面向连接的协议，用于点对点通信。在HarmonyOS中，TCP组件提供了多种TCP客户端，包括Socket和SocketChannel，以及一些用于处理TCP连接的工具类。通过TCP组件，应用程序可以实现点对点通信和数据传输等网络功能。

（3）UDP组件。

UDP是一种无连接的协议，用于点对点通信。在HarmonyOS中，UDP组件提供了多种UDP客户端，包括DatagramSocket和MulticastSocket，以及一些用于处理UDP连接的工具类。通过UDP组件，应用程序可以实现点对点通信和数据传输等网络功能。

（4）WebSocket组件。

WebSocket是一种基于TCP的协议，可以实现双向通信。在HarmonyOS中，WebSocket组件提供了多种WebSocket客户端和服务器，以及一些用于处理WebSocket连接的工具类。通过WebSocket组件，应用程序可以实现实时通信和数据传输等网络功能。

以下是一个简单使用HTTP组件进行网络通信的例子：

```java
import ohos.app.Context;

import ohos.hiviewdfx.HiLog;

import ohos.hiviewdfx.HiLogLabel;

import ohos.net.http.HttpClient;

import ohos.net.http.HttpResponse;

import ohos.net.http.HttpRequest;

import ohos.net.http.HttpMethod;

import ohos.net.http.HttpHeader;

public class NetworkUtils {

    private static final HiLogLabel LABEL = new HiLogLabel(HiLog.LOG_APP,
0x00201, "NetworkUtils");

    public static String get(Context context, String url) {

        try {

            HttpRequest request = new HttpRequest(url);

            request.setHttpMethod(HttpMethod.GET);

            HttpClient client = HttpClient.newHttpClient(context);

            HttpResponse response = client.send(request);

            if (response == null) {

                return null;

            }

            int statusCode = response.getStatusCode();

            HiLog.debug(LABEL, "statusCode: %{public}d", statusCode);

            if (statusCode == Http.HttpResponseCode.HTTP_OK) {

                String responseBody = response.readString();

                HiLog.debug(LABEL, "responseBody: %{public}s", responseBody);

                return responseBody;
```

```
        } else {
HiLog.error(LABEL, "network error: %{public}d", statusCode);
                return null;
            }
        } catch (Exception e) {
            HiLog.error(LABEL, "exception: %{public}s", e.getMessage());
            return null;
        }
    }
}
```

上述代码使用HttpClient和HttpRequest类来创建一个HTTP GET请求，并使用send方法发送请求。如果响应码为200（HTTP_OK），则程序需要通过调用HttpResponse对象的readString方法读取响应体，并返回响应体字符串；如果响应码不是200，则程序返回null并打印错误日志。

以上是一个简单的使用HTTP组件进行网络通信的例子，通过这个例子可以看到，应用程序使用HarmonyOS提供的网络组件，可以轻松实现网络通信和数据传输等功能。在实际开发中，开发者根据需求选择适合的网络组件和协议，可以有效地提高应用程序的网络性能。

7.4.4.2　网络性能优化的原理

HarmonyOS应用程序开发者需要了解网络性能优化的原理，如缓存、异步请求、图片压缩等技巧的实现原理。网络性能优化的原理主要包括以下五个方面：

（1）减少网络请求次数。

网络请求是应用程序的网络通信过程中最费时的操作之一，因此减少网络请求次数是提高网络性能的有效途径。开发者可以通过缓存数据、合并请求、使用内容分发服务（Content Delivery Network，CDN）等方式来减少网络请求次数，从而提高应用程序的网络性能。

（2）压缩网络请求和响应数据。

开发者可以通过压缩网络请求和响应数据可减少数据传输的时间和流量，提高网络性能。常用的压缩算法有Gzip、Deflate等。在使用压缩算法时，开发者需要注意压缩的程度不宜过高，否则会增加CPU的负担，从而降低应用程序的性能。

（3）异步网络请求。

使用异步网络请求可以避免网络请求阻塞UI线程，提高应用程序的响应速度和用户体验。异步网络请求一般采用回调或者RxJava等方式来处理异步结果，从而避免阻塞UI线程。

（4）优化网络请求参数。

优化网络请求参数可以减少数据传输的时间和流量，从而提高网络性能。开发者可以通过选择合适的网络请求方法、使用GET方式代替POST方式、合理设置超时时间等方式来优化网络请求参数。

（5）网络缓存。

使用网络缓存可以减少网络请求次数和数据传输量，从而提高应用程序的性能。开发者可以通过设置HTTP响应头的Cache-Control、ETag、Expires等属性来控制网络缓存的行为，从而实现网络缓存功能。

开发者需要根据具体应用场景和需求选择适合的优化策略和方法，从而提高应用程序的网络性能和用户体验。

7.4.4.3　网络性能优化的技巧

开发者需要学习网络性能优化的技巧，根据具体的应用场景和需求，选择合适的网络请求方式和协议。例如，如果应用程序需要实现数据传输的可靠性和安全性，开发者可以选择使用HTTPS协议；如果应用程序需要实现数据传输的效率和速度，开发者可以选择使用TCP协议。同时，开发者可以考虑使用缓存、使用异步请求、使用长连接、图片压缩等技巧。关于如何选择合适的网络请求方式和协议，开发者可以参考本书中提供的案例和示例代码来学习。

掌握网络性能优化的技巧是提高应用程序网络性能的关键，以下是一些常用的网络性能优化技巧的Java示例代码，演示如何使用HttpURLConnection类实现网络请求并进行数据压缩。

```java
import java.io.BufferedReader;

import java.io.IOException;

import java.io.InputStreamReader;

import java.net.HttpURLConnection;

import java.net.URL;

import java.util.zip.GZIPInputStream;

public class HttpUrlConnectionExample {

    public static void main(String[] args) throws IOException {

        URL url = new URL("https://www.example.com");

        HttpURLConnection connection = (HttpURLConnection) url.openConnection();

        connection.setRequestProperty("Accept-Encoding", "gzip");

        connection.connect();

        String encoding = connection.getContentEncoding();

        BufferedReader reader;

        if (encoding != null && encoding.equals("gzip")) {

            reader = new BufferedReader(new InputStreamReader(new GZIPInputStream(connection.getInputStream())));

        } else {

            reader = new BufferedReader(new InputStreamReader(connection.getInputStream()));

        }

        String line;

        StringBuilder response = new StringBuilder();

        while ((line = reader.readLine()) != null) {

            response.append(line);

        }
```

```
        reader.close();
        connection.disconnect();
        System.out.println("Response: " + response.toString());
    }
}
```

在这个示例中，首先，我们使用HttpURLConnection类实现了一个网络请求，并设置了请求头中的"Accept-Encoding"参数为"gzip"，以便服务器在响应中压缩数据。其次，我们检查服务器响应的编码类型，如果编码类型为"gzip"，则使用GZIPInputStream类来解压数据，并读取响应内容。最后，我们关闭连接并输出响应内容。

7.4.4.4 实践网络性能优化

在实际的开发中，开发者需要将学到的网络性能优化技巧应用到实践中。在学习的过程中，开发者可以选择一些具有代表性的应用场景来进行实践，如网络请求量大、图片加载慢等情况。本节将介绍几种常见的网络性能优化实践，并提供相应的案例和示例代码来学习。

（1）减少网络请求次数。

减少网络请求次数可以显著提高应用程序的性能。开发者可以使用缓存技术、合并请求和使用更小的图片等方式来减少网络请求次数。下面是使用缓存技术的示例代码：

```
//使用LruCache来实现内存缓存
LruCache<String, Bitmap> mMemoryCache = new LruCache<String, Bitmap>
(cacheSize) {
    @Override
    protected int sizeOf(String key, Bitmap value) {
        //计算Bitmap的大小
        return value.getByteCount();
    }
};
```

```
//将Bitmap加入缓存中
public void addBitmapToMemoryCache(String key, Bitmap bitmap) {
    if (getBitmapFromMemoryCache(key) == null) {
        mMemoryCache.put(key, bitmap);
    }
}
//从缓存中获取Bitmap
public Bitmap getBitmapFromMemoryCache(String key) {
    return mMemoryCache.get(key);
}
```

（2）使用图片压缩技术。

在应用程序中使用较大的图片会导致网络传输变慢，占用过多的内存，从而影响应用程序性能。使用图片压缩技术可以减少图片的体积，从而提高应用程序性能。下面是使用图片压缩技术的示例代码：

```
//使用BitmapFactory.Options来压缩图片
public static Bitmap decodeSampledBitmapFromResource(Resources res, int resId,
        int reqWidth, int reqHeight) {
    // 首先将inJustDecodeBounds属性设置为true来获取图片的原始尺寸
    final BitmapFactory.Options options = new BitmapFactory.Options();
    options.inJustDecodeBounds = true;
    BitmapFactory.decodeResource(res, resId, options);
    // 计算图片的缩放比例
    options.inSampleSize = calculateInSampleSize(options, reqWidth, reqHeight);
    // 将inJustDecodeBounds属性设置为false来加载图片
    options.inJustDecodeBounds = false;
    return BitmapFactory.decodeResource(res, resId, options);
}
```

//计算图片的缩放比例

```
public static int calculateInSampleSize(BitmapFactory.Options options, int reqWidth,
int reqHeight) {
        final int height = options.outHeight;
        final int width = options.outWidth;
        int inSampleSize = 1;
        if (height > reqHeight || width > reqWidth) {
            final int halfHeight = height / 2;
            final int halfWidth = width / 2;
             while ((halfHeight / inSampleSize) >= reqHeight && (halfWidth /
inSampleSize) >= reqWidth) {
                    inSampleSize *= 2;
            }
        }
        return inSampleSize;
}
```

（3）图片加载优化。

在HarmonyOS应用程序中，加载图片是一个常见的操作，因此图片加载优化也是网络性能优化的重要部分。下面介绍四种优化图片加载的技巧：

①使用WebP格式。WebP是一种针对Web优化的图片格式，可以减少图片的大小，提高加载速度。

②缩小图片尺寸。根据实际需要，缩小图片的尺寸可以减少图片的体积，提高加载速度。

③使用合适的图片压缩算法。不同的图片压缩算法适用于不同类型的图片，选择合适的压缩算法，可以提高图片加载速度。

④使用懒加载技术。懒加载技术可以延迟加载图片，减少页面加载时间。

下面是一段示例代码，演示如何使用懒加载技术加载图片。

```
public class LazyLoadImageView extends Image {
```

```
private boolean mLoaded = false;

private String mSrc;

public LazyLoadImageView(Context context) {

    super(context);

}

public LazyLoadImageView(Context context, AttrSet attrSet) {

    super(context, attrSet);

    mSrc = attrSet.getAttr("src").getStringValue();

}

@Override

public void onDraw(Component.DrawTask drawTask) {

    if (!mLoaded) {

        setImageAndDecodeBounds(mSrc);

        mLoaded = true;

    }

    super.onDraw(drawTask);

}

}
```

（4）数据请求优化。

数据请求优化是另一个重要的网络性能优化方面。下面介绍三种优化数据请求的技巧：

（1）使用HTTP缓存。使用HTTP缓存可以减少重复请求，提高数据请求的速度。

（2）合并请求。合并多个请求可以减少网络传输的次数，提高数据请求的速度。

（3）减少重复请求。重复请求会增加服务器的负担，因此减少重复请求可以提高数据请求的速度。

以下是一段示例代码，演示如何使用HTTP缓存技术：

```
public class MyHttpService {
    private static final long HTTP_CACHE_SIZE = 10 * 1024 * 1024; //10MB
    private static final long HTTP_CACHE_MAX_AGE = 60 * 60; //1 hour
    private static final String HTTP_CACHE_DIR = "httpCache";
    public static HttpConfig getConfig() {
        HttpConfig.Builder builder = new HttpConfig.Builder();
        builder.setCacheDir(HTTP_CACHE_DIR)
                .setMaxCacheSize(HTTP_CACHE_SIZE)
                .setMaxCacheAge(HTTP_CACHE_MAX_AGE);
        return builder.build();
    }
}
```

7.5 多媒体处理与展示

在现代移动设备和智能家居设备中，多媒体技术已经成为提升用户体验的重要手段之一。HarmonyOS作为一款全场景智慧操作系统，提供了丰富的多媒体处理和展示能力，可以帮助开发者开发出让用户有更优质体验的应用程序。本节将介绍HarmonyOS应用程序中的多媒体处理和展示功能。

7.5.1 多媒体概述

在HarmonyOS应用程序开发中，多媒体通常指音频、视频和图片等数据类型。多媒体处理与展示是HarmonyOS应用程序开发中一个重要的领域，是一种使用多种不同的媒体来传递信息的方式，涉及多种技术，通常包括音频处理、视频处理、图像处理、多媒体资源管理和多媒体数据存储等方面。

下面是使用Java语言的一个简单的多媒体文件的定义示例：

```java
public class MultimediaFile {
    private String name;
    private String type;
    private long size;
    private String path;
    public MultimediaFile(String name, String type, long size, String path) {
        this.name = name;
        this.type = type;
        this.size = size;
        this.path = path;
    }
    // Getters and setters
}
```

7.5.2 多媒体处理和展示功能

7.5.2.1 音频处理与展示

HarmonyOS提供了MediaPlayer类用于音频文件的播放。开发者可以使用setData-Source方法设置音频文件的路径，调用prepare方法准备播放，再调用start方法开始播放音频文件。此外，MediaPlayer类还提供了其他方法，如setVolume方法用于设置音量，setLooping方法用于设置是否循环播放等。另外，HarmonyOS还提供了AudioManager类用于音频的管理。通过该类，开发者可以获取音频设备的状态、调整音量等。

在HarmonyOS应用程序中，可以使用音频管理器来管理音频的播放、暂停、停止等操作。下面是一个展示的音频播放示例，示例使用Java语言进行编写：

```java
private MediaPlayer mediaPlayer;
private void initMediaPlayer() {
    mediaPlayer = new MediaPlayer();
    try {
        AssetFileDescriptor fileDescriptor = getAssets().openFd("audio.mp3");
        mediaPlayer.setDataSource(fileDescriptor.getFileDescriptor(),
                    fileDescriptor.getStartOffset(),
                    fileDescriptor.getLength());
        mediaPlayer.prepare();
    } catch (IOException e) {
        e.printStackTrace();
    }
}
private void playAudio() {
    if (mediaPlayer != null && !mediaPlayer.isPlaying()) {
        mediaPlayer.start();
    }
}
private void pauseAudio() {
    if (mediaPlayer != null && mediaPlayer.isPlaying()) {
        mediaPlayer.pause();
    }
}
private void stopAudio() {
    if (mediaPlayer != null) {
        mediaPlayer.stop();
        mediaPlayer.release();
        mediaPlayer = null;
    }
}
```

7.5.2.2　视频处理与展示

HarmonyOS提供了VideoView和SurfaceView两种组件用于视频文件的播放。其中，VideoView类封装了MediaPlayer类的使用，提供了更为简单的视频播放方式，而SurfaceView则提供了更为灵活的视频播放方式。开发者可以通过SurfaceHolder对象获取到Surface对象，然后使用MediaPlayer或其他方式来渲染视频画面。另外，HarmonyOS还提供了TextureView类用于更高效地展示视频，TextureView可以通过使用硬件加速技术来提高视频播放效率。

HarmonyOS应用程序同样支持各种视频格式的解码和播放。下面展示一个简单的视频播放示例，示例使用Java语言进行编写：

```java
private VideoView videoView;
private void initVideoView() {
    videoView = (VideoView) findViewById(R.id.video_view);
    videoView.setVideoPath("http://example.com/video.mp4");
    videoView.setOnPreparedListener(new MediaPlayer.OnPreparedListener() {
        @Override
        public void onPrepared(MediaPlayer mp) {
            mp.start();
        }
    });
}
private void playVideo() {
    if (videoView != null && !videoView.isPlaying()) {
        videoView.start();
    }
}
private void pauseVideo() {
    if (videoView != null && videoView.isPlaying()) {
```

```
            videoView.pause();

        }

    }

    private void stopVideo() {

        if (videoView != null) {

            videoView.stopPlayback();

        }

    }
```

7.5.2.3　图片处理与展示

HarmonyOS提供了Bitmap类用于图片的处理。通过该类，开发者可以对图片进行缩放、裁剪、旋转等操作。同时，HarmonyOS还提供了ImageView组件用于图片的展示。开发者可以通过setImageBitmap或setImageResource方法将Bitmap对象或图片资源设置到ImageView中展示。

在HarmonyOS应用程序中，可以使用ImageDecoder类来加载和解码图片。下面是一个简单的图片加载示例，示例使用Java语言进行编写。

```
    private ImageView imageView;

    private void loadBitmap() {

        imageView = (ImageView) findViewById(R.id.image_view);

        ImageDecoder.Source source = ImageDecoder.createSource(getContentResolver(), Uri.parse("content://media/external/images/media/1"));

        try {

            Bitmap bitmap = ImageDecoder.decodeBitmap(source);

            imageView.setImageBitmap(bitmap);

        } catch (IOException e) {

            e.printStackTrace();

        }

    }
```

7.5.2.4　多媒体资源管理

HarmonyOS提供了多媒体资源管理框架用于管理应用程序中的多媒体资源。开发者可以通过MediaScannerService类扫描应用程序中的多媒体文件，将文件信息加入到MediaStore数据库中。开发者也可以通过ContentResolver类获取MediaStore数据库中的多媒体资源信息。除此之外，HarmonyOS还提供了AssetManager类用于管理应用程序的资源文件。通过该类，开发者可以访问应用程序内部的图片、音频、视频等资源文件。

下面是一个简单的多媒体资源管理示例，展示了如何通过ResourceManager类获取应用程序中的图片资源，并将其设置为ImageView的背景，示例使用Java语言进行编写：

```java
private ImageView imageView;
private void setImageViewBackground() {
    imageView = (ImageView) findViewById(R.id.image_view);
    ResourceManager resourceManager = getResourceManager();
    if (resourceManager != null) {
        Drawable drawable = resourceManager.getDrawable(ResourceTable.Media_image);
        if (drawable != null) {
            imageView.setBackground(drawable);
        }
    }
}
```

7.5.2.5　多媒体数据存储

HarmonyOS提供了SQLite数据库和SharedPreferences两种数据存储方式用于存储多媒体数据。开发者可以使用SQLite数据库存储多媒体资源的元数据信息，如音频文件的歌曲名、歌手名等信息；也可以使用SharedPreferences存储一些简单的多媒体数据，如用户的播放列表等。此外，HarmonyOS还提供了MediaStore数据库用于管理多媒体资源信息，如多媒体文件的路径、名称、大小等信息。

在HarmonyOS应用程序中，可以使用数据存储管理器类来管理多媒体数据的存储。下面是一个简单的多媒体数据存储示例，展示了如何将一张图片保存到应用程序的私有目录中，示例使用Java语言进行编写：

```java
private void saveImage() {
    String fileName = "image.png";
    String dirName = "images";
    DataAbilityHelper helper = DataAbilityHelper.creator(this, Uri.parse("dataability:///com.example.app"));
    try {
        FileDescriptor fileDescriptor = helper.openFile(fileName, dirName, "rw");
        Bitmap bitmap = BitmapFactory.decodeResource(getResources(), R.drawable.image);
        bitmap.compress(Bitmap.CompressFormat.PNG, 100, new FileOutputStream(fileDescriptor.getFileDescriptor()));
        helper.closeFile(fileDescriptor);
    } catch (IOException e) {
        e.printStackTrace();
    }
}
```

上述代码中，程序使用了DataAbilityHelper类来操作应用程序的数据存储，通过调用openFile方法获取文件的FileDescriptor，并使用Bitmap.compress方法将Bitmap对象压缩后写入文件中，最后使用closeFile方法关闭文件。

多媒体处理和展示功能能够帮助开发者创建更为丰富的多媒体应用程序，提高用户对应用程序的使用体验。

课后习题

一、选择题

1．HarmonyOS应用程序的创建是通过以下哪种开发语言实现的（　　　）

　　A．Java　　　　　　B．C++　　　　　C．JavaScript　　　D．以上都是

2．在HarmonyOS应用程序的创建过程中，使用的是以下哪个集成开发环境
　　（IDE）（　　　）

　　A．Android Studio　　　　　　　B．Xcode

　　C．Visual Studio Code　　　　　D．HarmonyOS Studio

3．HarmonyOS应用程序的运行环境是以下哪个操作系统（　　　）

　　A．Android系统　　　　　　　　B．iOS

　　C．Windows　　　　　　　　　　D．HarmonyOS

4．HarmonyOS应用程序在运行时可以访问的设备功能是通过以下哪个组件实现
　　的（　　　）

　　A．Intent　　　　　　　　　　　B．Service

　　C．Capability　　　　　　　　　D．Permission

5．HarmonyOS应用程序的界面布局是使用以下哪种方式实现的（　　　）

　　A．XML　　　　　　B．HTML　　　　　C．CSS　　　　　D．JSON

6．HarmonyOS应用程序在运行之前需要进行以下哪个步骤（　　　）

　　A．安装开发环境　　　　　　　　B．设计应用程序界面

　　C．编写应用逻辑　　　　　　　　D．进行应用程序打包

7．下面哪个组件可以用于构建HarmonyOS应用程序的用户界面（　　　）

　　A．Widget　　　　B．Service　　　　C．Intent　　　　D．Activity

8. 在HarmonyOS应用程序的运行过程中，以下哪个组件负责管理应用程序的生命周期（   ）

    A．Intent
    B．Service

    C．Activity
    D．ContentProvider

9. 在HarmonyOS应用程序的运行过程中，以下哪个是用于处理用户交互的组件的（   ）

    A．BroadcastReceiver
    B．ViewModel

    C．View
    D．Fragment

10. 在HarmonyOS应用程序的运行过程中，以下哪个工具可以用于调试和监测应用程序的性能（   ）

    A．Android Studio
    B．Xcode

    C．HarmonyOS Studio
    D．Android Debug Bridge (ADB)

11. 在HarmonyOS应用程序的网络性能优化中，以下哪个是常用的策略来减少网络请求的次数（   ）

    A．数据缓存   B．请求合并   C．延迟加载   D．压缩数据

12. 在HarmonyOS应用程序的网络性能优化中，以下哪个是用于减少网络请求的传输数据量的技术（   ）

    A．数据缓存   B．请求合并   C．数据压缩   D．数据分片

13. 在HarmonyOS应用程序的网络性能优化中，以下哪个是用于处理网络请求超时的机制（   ）

    A．超时重试
    B．断线重连

    C．请求合并
    D．延迟加载

14. 在HarmonyOS应用程序的网络性能优化中，以下哪个是用于优化网络请求的并发处理能力的技术（   ）

    A．线程池
    B．连接池

    C．请求合并
    D．延迟加载

15. 在HarmonyOS应用程序的网络性能优化中，以下哪个是用于监控和分析网络请求性能的工具（　　　）

    A．Wireshark
    B．Android Studio Profiler
    C．Chrome DevTools
    D．Network Monitor

16. HarmonyOS应用程序开发框架是基于以下哪个开放源代码框架构建的（　　　）

    A．Flutter
    B．React Native
    C．Vue.js
    D．HarmonyOS

17. HarmonyOS应用程序开发框架使用以下哪种编程语言进行应用程序开发的（　　　）

    A．Java
    B．C++
    C．Java、C++、Kotlin都是
    D．Kotlin

18. HarmonyOS应用程序开发框架提供了以下哪种类型的应用程序开发方式（　　　）

    A．原生应用程序开发
    B．Web应用程序开发
    C．混合应用程序开发
    D．以上都是

19. HarmonyOS应用程序开发框架支持以下哪种方式进行应用程序打包和发布（　　　）

    A．APK
    B．IPA
    C．HAP
    D．ZIP

20. HarmonyOS应用程序的安全机制包括以下哪个方面（　　　）

    A．应用程序签名和验证
    B．数据加密和保护
    C．权限管理和访问控制
    D．以上都是

21. 在HarmonyOS应用程序中，以下哪个是用于对应用程序进行数字签名的工具（　　　）

    A．KeyStore
    B．Keychain
    C．Keytool
    D．Keyguard

22. 在HarmonyOS应用程序的安全机制中，以下哪个是用于保护敏感数据的技术（　　　）

    A．SSL/TLS
    B．AES
    C．RSA
    D．HMAC

23. 在HarmonyOS应用程序中，以下哪个是用于管理应用程序权限的机制（   ）

    A．Android Manifest

    B．iOS Settings

    C．HarmonyOS Permission Management

    D．Security Provider

24. 在HarmonyOS应用程序的安全机制中，以下哪个是用于防止应用程序被篡改或恶意修改的技术（   ）

    A．Code Obfuscation   B．Code Signing

    C．Code Encryption   D．Code Obstruction

25. HarmonyOS应用程序开发所需的开发工具是以下哪个（   ）

    A．Android Studio   B．Xcode

    C．Visual Studio Code   D．HarmonyOS Studio

26. 在HarmonyOS应用程序开发所需的SDK（软件开发工具包）是以下哪个（   ）

    A．JDK   B．SDK Platform Tools

    C．NDK   D．HarmonyOS SDK

27. 在HarmonyOS应用程序开发中，以下哪个是必须安装的操作系统（   ）

    A．Windows   B．macOS

    C．Linux   D．HarmonyOS

28. 在HarmonyOS应用程序开发中，哪种编程语言是最常用的（   ）

    A．Java   B．C++   C．JavaScript   D．Python

29. 在HarmonyOS应用程序开发中，以下哪个工具可以用于应用程序的调试和测试（   ）

    A．Android Emulator   B．iOS Simulator

    C．HarmonyOS Simulator   D．以上都是

30. HarmonyOS的分布式通信能力是通过以下哪个技术实现的（　　　）

    A．Distributed Virtual Bus (DVB)

    B．Bluetooth

    C．Wi–Fi

    D．NFC

31. HarmonyOS的分布式通信能力可以实现以下哪种功能（　　　）

    A．数据共享和传输　　　　　B．远程控制和操作

    C．设备互联和协同工作　　　D．以上都是

32. 在HarmonyOS中，以下哪个是用于管理分布式通信的核心组件（　　　）

    A．Distributed Data Management (DDM)

    B．Distributed Communication Framework (DCF)

    C．Distributed Virtual Bus (DVB)

    D．Distributed Service Framework (DSF)

33. HarmonyOS的分布式通信能力支持以下哪种通信模式（　　　）

    A．点对点通信　　B．广播通信　　　C．组播通信　　　D．以上都是

34. HarmonyOS的分布式通信能力可以在以下哪个层次实现（　　　）

    A．应用层　　　　B．协议层　　　　C．网络层　　　　D．物理层

35. 在HarmonyOS应用程序中，以下哪个类是用于操作数据库的主要类（　　　）

    A．SQLiteOpenHelper　　　　B．SQLiteDatabase

    C．ContentValues　　　　　　D．Cursor

36. 在HarmonyOS应用程序中，以下哪个方法是用于创建数据库和数据表的（　　　）

    A．onCreate()　　B．onUpgrade()　　C．insert()　　　D．query()

37. 在HarmonyOS应用程序中，以下哪个方法是用于插入数据到数据库中（　　　）

    A．onCreate()　　B．onUpgrade()　　C．insert()　　　D．query()

38. 在HarmonyOS应用程序中，以下哪个方法是用于查询数据库中的数据（　　　）

    A．onCreate()　　　B．onUpgrade()　　　C．insert()　　　D．query()

39. 在HarmonyOS应用程序中，以下哪个方法是用于更新数据库中的数据（　　　）

    A．onCreate()　　　B．onUpgrade()　　　C．insert()　　　D．update()

40. 在HarmonyOS应用程序的UI设计中主要包括以下哪个方面（　　　）

    A．应用程序的颜色选择　　　　　B．应用程序的布局设计

    C．应用程序的图标设计　　　　　D．以上都是

41. 在HarmonyOS应用程序的UI设计中，以下哪个是常用的布局方式（　　　）

    A．线性布局　　　B．相对布局　　　C．网格布局　　　D．以上都是

42. HarmonyOS应用程序的UI实现使用以下哪个技术（　　　）

    A．XML　　　　　B．HTML　　　　　C．CSS　　　　　D．JavaScript

43. 在HarmonyOS应用程序的UI设计中，以下哪个是用于处理用户输入和交互的组件（　　　）

    A．Button　　　　　　　　　　B．TextView

    C．ImageView　　　　　　　　D．RecyclerView

44. 在HarmonyOS应用程序的UI设计中，以下哪个是用于显示图像的组件（　　　）

    A．Button　　　　　　　　　　B．TextView

    C．ImageView　　　　　　　　D．RecyclerView

45. HarmonyOS应用程序的图标尺寸规范是多少（　　　）

    A．48×48像素　　　　　　　　B．72×72像素

    C．96×96像素　　　　　　　　D．128×128像素

46. HarmonyOS应用程序的命名规范要求使用以下哪种命名方式（　　　）

    A．驼峰命名法　　　　　　　　B．下画线命名法

    C．短横线命名法　　　　　　　D．不限制命名方式

47．HarmonyOS应用程序的主题色规范要求使用以下哪种颜色标准（　　　）

    A．RGB　　　　　B．CMYK　　　　C．HSL　　　　　D．ARGB

48．HarmonyOS应用程序的文字规范要求使用以下哪种字体（　　　）

    A．Arial　　　　　　　　　　　B．Times New Roman

    C．Roboto　　　　　　　　　　D．不限制字体

49．HarmonyOS应用程序的布局规范要求使用以下哪种布局方式（　　　）

    A．线性布局　　　　　　　　　B．相对布局

    C．网格布局　　　　　　　　　D．不限制布局方式

50．在HarmonyOS应用程序中，以下哪个是用于在应用程序的内部存储目录中创建文件的方法（　　　）

    A．getExternalFilesDir()

    B．getFilesDir()

    C．getCacheDir()

    D．Environment．getExternalStorageDirectory()

51．在HarmonyOS应用程序中，以下哪个是用于在应用程序的外部存储目录中创建文件的方法（　　　）

    A．getExternalFilesDir()

    B．getFilesDir()

    C．getCacheDir()

    D．Environment．getExternalStorageDirectory()

52．在HarmonyOS应用程序中，以下哪个是用于检查文件是否存在的方法（　　　）

    A．file.exists()　　　　　　　　B．file.isDirectory()

    C．file.isFile()　　　　　　　　D．file.createNewFile()

53．在HarmonyOS应用程序中，以下哪个是用于将数据写入文件的方法（　　　）

    A．FileOutputStream　　　　　B．FileInputStream

    C．BufferedWriter　　　　　　D．BufferedReader

54. 在HarmonyOS应用程序中，以下哪个是用于从文件中读取数据的方法（　　）

    A．FileOutputStream   B．FileInputStream

    C．BufferedWriter   D．BufferedReader

55. 在HarmonyOS应用程序中，以下哪个类是用于播放音频的主要类（　　）

    A．MediaPlayer   B．AudioManager

    C．SoundPool   D．AudioTrack

56. 在HarmonyOS应用程序中，以下哪个类是用于显示图像的主要类（　　）

    A．ImageView   B．SurfaceView

    C．TextureView   D．ViewFlipper

57. 在HarmonyOS应用程序中，以下哪个类是用于录制视频的主要类（　　）

    A．MediaRecorder   B．Camera

    C．VideoView   D．SurfaceHolder

58. 在HarmonyOS应用程序中，以下哪个类是用于处理图像的像素数据的主要类（　　）

    A．Bitmap   B．Drawable

    C．Canvas   D．Paint

59. 在HarmonyOS应用程序中，以下哪个类是用于处理视频播放的主要类（　　）

    A．VideoView   B．MediaPlayer

    C．SurfaceView   D．TextureView

二、简答题

1. 在HarmonyOS应用程序中，常见的网络性能优化策略有哪些？

2. HarmonyOS应用程序是如何处理网络请求的并发和异步操作的？

3. HarmonyOS应用程序中的安全机制包括哪些方面的内容？

4. HarmonyOS应用程序是如何保护用户的隐私数据的？它采用了哪些保护措施？

5. 在HarmonyOS应用程序中，如何确保应用程序的代码和数据的安全性？

6. HarmonyOS应用程序中的安全机制是如何防范常见的安全威胁的，如数据泄露、恶意代码等？

7. HarmonyOS应用程序的多协议通信能力指的是什么？它有哪些主要特点和优势？

8. HarmonyOS应用程序中的多协议通信是如何保证数据的安全性和可靠性的？

10. 在HarmonyOS应用程序中，如何处理多协议通信的错误和异常情况？

11. HarmonyOS的分布式通信能力的概念是什么？它的主要特点是什么？

12. HarmonyOS中的分布式通信能力是如何实现的？它依赖于哪些技术和协议？

13. HarmonyOS应用程序如何利用分布式通信能力进行设备间的数据传输和通信？

14. HarmonyOS的分布式通信能力是如何保证数据的安全性和隐私保护的？

15. HarmonyOS应用程序是如何利用分布式通信能力实现设备的发现和组网功能？

第八章

项目实践

8.1 天气应用程序项目

8.1.1 项目设计的功能实现

8.1.1.1 功能需求

在设计天气应用程序时，开发者需要明确应用程序的基本功能需求，如显示当前天气、未来几天的天气、不同城市的天气等。应用程序的功能需求可以根据用户的需求和使用场景来确定。天气应用程序的用户界面设计要求简洁、直观、易于使用。本书建议使用HarmonyOS应用程序开发框架提供的布局和控件组件进行设计，开发者可以考虑采用图标、背景图等元素来增加界面的美观性和交互性。由于天气应用程序需要获取实时的天气数据，因此开发者需要考虑使用什么样的数据源。开发者可以使用第三方天气API来获取天气数据，也可以从其他天气数据源获取数据。因天气应用程序需要获取用户所在的位置信息，所以开发者需要考虑使用地理位置服务，通常使用HarmonyOS提供的地理位置API来获取用户的位置信息，或者使用第三方地图SDK来实现位置服务。

8.1.1.2 实时天气信息展示功能

当用户打开应用程序后，就可以看到当前所在地区的实时天气信息，包括温度、湿度、气压、风向等。用户就能够快速方便地获取当前所在地区的天气信息。因此天气应用程序需要获取用户所在地区的位置信息，调用天气API获取当前天气数据，将数据展示在应用程序界面中。

8.1.2 设计系统的整体架构

基于HarmonyOS的天气应用程序项目的设计系统整体架构主要可以分为三部分：前端架构、后端架构和数据库架构。具体如下：

（1）前端架构。

前端架构主要负责展示界面和交互逻辑，包括天气信息展示、搜索功能、天气图表展示、天气预警推送等。前端架构可以采用HarmonyOS应用程序框架中提供的界面组件进行开发，同时也可以使用其他的开发框架和工具进行开发。前端架构的数据来源主要是后端架构接口和本地缓存的数据。

①前端架构技术选择。HarmonyOS应用程序框架提供的界面组件图表库，如MPAndroidChart或其他开源图表库。

②前端架构其他开发框架和工具，如Harmony UI Kit等工具。

（2）后端架构。

后端架构主要负责数据的获取、处理和存储，包括从天气API中获取天气数据、推送天气预警信息、缓存数据等。后端架构可以采用分布式技术进行开发，以提高系统的可靠性和稳定性。

①后端架构技术选择。HarmonyOS的分布式能力，如分布式数据存储和分布式消息队列等。

②Java开发框架及工具，如Spring Boot等工具。

（3）数据库架构。

数据库架构主要用于存储用户的个性化配置和本地缓存数据。开发者可以选择轻量级的关系型数据库或者非关系型数据库进行开发。

数据库架构技术选择，如SQLite（轻量级的关系型数据库）、MongoDB（非关系型数据库）。

综上所述，基于HarmonyOS的天气应用程序项目可以采用HarmonyOS应用程序框架提供的界面组件进行开发，后端架构可以采用分布式技术和Java开发框架进行开发，数据库架构可以选择轻量级的关系型数据库或者非关系型数据库进行开发。

8.1.3　开发过程和技术细节

8.1.3.1　开发过程

（1）获取天气数据。

首先需要从一个可靠的天气数据源获取实时的天气信息，可以选择使用第三方API，如心知天气、和风天气等，通过HTTP请求获取数据。

（2）解析天气数据。

获取到天气数据后，需要将其解析为可用的格式，以便在应用程序中显示。可以使用HarmonyOS提供的JSON解析库来解析JSON格式的数据。

（3）展示天气信息。

可以使用HarmonyOS应用程序开发框架提供的UI组件来展示天气信息。如可以使用Text组件来显示温度、湿度、天气状况等信息，使用Image组件来显示天气图标。

（4）调试和测试。

在处理天气数据时，可能会出现异常情况，如无法连接到天气数据源或获取到的数据格式不正确。在这种情况下，需要在应用程序中进行适当的错误处理，以提高应用程序的稳定性和可靠性。

8.1.3.2　技术细节

本节将详细介绍基于HarmonyOS的实时天气信息展示功能的开发过程和技术细节。下面内容将按照模块顺序进行一一介绍：

（1）获取天气数据。

为了获取实时的天气信息，我们可以使用第三方天气数据API，如心知天气、和风天气等。这些API通常会提供HTTP接口，通过HTTP请求获取天气数据。

在HarmonyOS中，我们可以使用HttpURLConnection类进行HTTP请求。下面是一个示例代码，将演示如何使用HttpURLConnection从心知天气API获取天气数据。

```
try{URL url = new URL("https://api.seniverse.com/v3/weather/now.json?key=YOUR_
API_KEY&location=beijing&language=zh-Hans&unit=c");

        HttpURLConnection conn = (HttpURLConnection) url.openConnection();
```

```
conn.setRequestMethod("GET");

conn.setConnectTimeout(5000);

conn.setReadTimeout(5000);

BufferedReader in = new BufferedReader(new InputStreamReader(conn.
getInputStream()));

String line;

StringBuilder response = new StringBuilder();

while ((line = in.readLine()) != null) {

    response.append(line);

}

in.close();

String data = response.toString();

// 处理天气数据

} catch (Exception e) {

e.printStackTrace();

}
```

在此示例代码中，我们使用心知天气API提供的HTTP接口获取天气数据，并将数据存储在String类型的变量data中。

（2）解析天气数据。

获取到天气数据后，我们需要将其解析为可用的格式，以便在应用程序中显示。在HarmonyOS中，我们可以使用JSON解析库将JSON格式的数据解析为Java对象。

在HarmonyOS中，我们可以使用ohos.utils.fastjson库进行JSON解析。下面是一个示例代码，将演示如何使用fastjson将JSON格式的天气数据解析为Java对象。

```
import ohos.utils.fastjson.JSONObject;

// 假设data是从API获取到的JSON格式的天气数据

JSONObject json = JSONObject.parseObject(data);

String city= json.getJSONObject("results").getJSONObject("location").
getString("name");
```

```
String weather = json.getJSONObject("results").getJSONObject("now").
getString("text");
```

```
String temperature = json.getJSONObject("results").getJSONObject("now").
getString("temperature");
```

在此示例代码中，我们使用fastjson解析JSON格式的天气数据，并将城市、天气、温度等信息存储在Java变量中。

（3）展示天气信息。

我们可以使用HarmonyOS应用程序开发框架提供的UI组件来展示天气信息。例如，我们可以使用Text组件来显示温度、湿度、天气状况等信息，使用Image组件来显示天气图标。

在HarmonyOS中，我们可以使用XML布局文件和Java代码来创建UI界面。下面是一个示例布局文件，将演示如何在应用程序中使用Text和Image组件展示天气信息。

```xml
<?xml version="1.0" encoding="utf-8"?>
<DirectionalLayout xmlns:ohos="http://schemas.huawei.com/res/ohos"
    ohos:height="match_parent"
    ohos:width="match_parent"
    ohos:orientation="vertical">
    <Text
        ohos:id="$+id/city_text"
        ohos:height="wrap_content"
        ohos:width="match_parent"
        ohos:text_size="60fp"
        ohos:text_alignment="center"
        ohos:padding="16fp"
        ohos:text="北京"/>

    <DirectionalLayout
        ohos:height="wrap_content"
```

```
        ohos:width="match_parent"

        ohos:orientation="horizontal"

        ohos:gravity="center_vertical">

        <Image

            ohos:id="$+id/weather_icon"

            ohos:height="64fp"

            ohos:width="64fp"

            ohos:src="images/weather/sunny.png"/>

        <Text

            ohos:height="wrap_content"

            ohos:width="wrap_content"

            ohos:text_size="30fp"

            ohos:padding="16fp"

            ohos:text="晴"/>

        <Text

            ohos:id="$+id/temperature_text"

            ohos:height="wrap_content"

            ohos:width="match_parent"

            ohos:text_size="30fp"

            ohos:text_alignment="end"

            ohos:padding="16fp"

            ohos:text="25°C"/>

    </DirectionalLayout>

</DirectionalLayout>
```

在此示例布局文件中，我们使用DirectionalLayout组件创建了一个垂直布局。在布局中，我们使用Text组件展示了城市名称，使用DirectionalLayout和Image组件展示了天气图标和天气状况，使用Text组件展示了温度信息。通过设置组件的属性，我们可以控制它们在屏幕上的位置、大小、颜色、字体等样式。

在Java代码中，我们可以使用findComponentById方法来获取布局中的组件，并设置它们的属性。下面是一个示例代码，将演示如何在Java代码中设置天气信息。

TextcityText=(Text) findComponentById(ResourceTable.Id_city_text);

cityText.setText(city);

Text weatherText = (Text) findComponentById(ResourceTable.Id_weather_text);

weatherText.setText(weather);

Text temperatureText = (Text) findComponentById(ResourceTable.Id_temperature_text);

temperatureText.setText(temperature);

Image weatherIcon = (Image) findComponentById(ResourceTable.Id_weather_icon);

weatherIcon.setPixelMap(getWeatherIcon(weather));

在此示例代码中，我们通过findComponentById方法获取布局中的Text和Image组件，并使用setText、setPixelMap等方法设置它们的属性。其中，getWeatherIcon方法可以根据天气状况返回对应的天气图标，开发者可以根据实际需求自行实现该方法。

（4）调试和测试。

在开发过程中，我们可以使用HarmonyOS应用程序开发框架提供的集成开发环境来进行调试和测试。例如，我们可以使用集成开发环境自带的模拟器来运行应用程序，检查应用程序的界面和功能是否正常。此外，我们还可以在集成开发环境中使用调试器来检查代码的执行过程，从而定位代码中的问题。

（5）发布上线。

对于天气数据的获取，我们可以使用模拟数据进行测试，如预先编写一些假数据，来检查应用程序是否能够正确地解析和显示天气信息。在完成开发和测试后，我们可以使用真实的API来获取实时的天气数据，并将应用程序发布到应用市场供用户下载和使用。

总体来说，基于HarmonyOS的天气应用程序开发可以分为以下步骤：需求分析、技术选型、界面设计、功能开发、调试测试和发布上线。在开发过程中，我们需要仔细思考每个模块的实现方式，考虑如何提高应用程序的性能和用户体验。

8.2 新闻客户端应用程序项目

8.2.1 项目设计的功能实现

新闻客户端应用程序项目是一款基于HarmonyOS开发的新闻客户端应用程序，旨在提供一种简单、快捷、可定制化的方式来浏览新闻。随着移动互联网的普及，人们越来越依赖手机、平板电脑等移动设备来获取新闻信息。因此，一个高效、功能齐全的新闻客户端应用程序成为大有可为的工具。同时，HarmonyOS作为华为自主研发的操作系统，具有良好的稳定性和灵活性，为开发者提供了丰富的开发资源和工具。

8.2.1.1 目标

新闻客户端应用程序项目的目标是打造一款用户体验良好、功能丰富的新闻客户端应用程序，以满足用户日常浏览新闻的需求。该项目的具体目标是为用户提供最新、最全面的新闻信息，包括本地、国内、国际的体育、娱乐、科技、财经等各类新闻。同时，该项目还将提供一系列的新闻阅读功能，如新闻推荐、搜索、收藏、分享、评论、点赞等，以及提供简单、易用的用户界面和操作体验，满足用户的个性化需求。

8.2.1.2 功能

新闻客户端项目的所需功能主要包括：显示新闻列表、查看新闻详情、收藏和分享、搜索新闻和推荐新闻。在实现这些功能的过程中，开发者需要考虑新闻数据的获取、数据的处理与展示、用户界面的设计等方面的问题，同时还需要处理用户隐私和安全等问题。

为了实现这些目标和功能，开发者可以使用HarmonyOS应用程序开发框架提供的布局和控件组件进行设计，使用第三方新闻API和地理位置API等相关技术来获取和处理新闻数据和用户位置信息。

8.2.2　设计系统的整体架构

基于HarmonyOS的新闻客户端项目的设计系统的整体架构主要可以分为前端架构、后端架构和数据库架构三部分。前端架构负责展示数据和用户交互，后端架构负责处理业务逻辑和数据存储，数据库则负责数据的持久化存储。具体如下：

（1）前端架构。

前端架构采用HarmonyOS应用程序开发框架进行开发，可以采用Java或JS语言进行开发，也可以使用集成开发环境进行快速开发。前端的设计需要考虑用户界面和交互的体验，还需要与后端进行数据交互，并处理用户数据输入。

前端架构技术选择，如鸿蒙界面开发、Java或JS语言。

（2）后端架构。

后端架构采用分布式架构进行设计，可以通过远程过程调用或HTTP等协议与前端进行通信。后端架构需要实现业务逻辑和数据存储功能，包括用户注册、登录、新闻列表获取等功能。

后端架构技术选择，如分布式技术、远程过程调用或HTTP协议。

（3）数据库架构。

数据库架构采用关系型数据库进行设计，可以使用MySQL或PostgreSQL等数据库系统。数据库需要存储用户信息、新闻数据等内容，并支持高并发读写操作。

数据库架构技术选择，如关系型数据库、MySQL或PostgreSQL等数据库系统。

总之，HarmonyOS应用程序开发框架进行前端架构开发；分布式技术进行后端架构开发，采用远程过程调用或HTTP协议与前端进行通信；关系型数据库存储数据，采用MySQL或PostgreSQL等数据库系统。此外，开发者还需要考虑安全性和可扩展性等方面的需求，在设计过程中需要进行合理的架构设计和技术选型。

8.2.3　开发过程和技术细节

8.2.3.1　开发过程

（1）项目需求分析。

项目需求分析包括新闻客户端的功能和界面设计等。根据需求分析结果，制订出详细的开发计划和时间表。

（2）技术栈选择。

选择适合HarmonyOS开发的技术栈，包括前端架构、数据库架构、服务器端技术等，具体选择可以参考HarmonyOS开发文档和相关教程。

（3）UI界面设计。

根据需求分析，设计新闻客户端的UI界面。需要考虑不同设备上的屏幕大小和分辨率等因素，保证应用程序在各种设备屏幕上都能有良好的显示效果。

（4）前端开发。

使用HarmonyOS应用程序开发框架自带的前端架构进行开发，可以采用JS、CSS、HTML等语言。前端开发需要保证页面的交互性和用户的良好体验。

（5）后端开发。

后端开发包括服务器端技术和数据库设计，可以使用Java、Python等语言进行开发，同时选择合适的数据库进行数据存储。

（6）客户端测试。

对创建完成的新闻客户端进行测试，包括单元测试和集成测试等，保证新闻客户端的质量和稳定性。

（7）客户端上线。

完成测试后，将新闻客户端发布上线，供用户下载使用。

8.2.3.2　技术细节

由于HarmonyOS应用程序可以在多种设备上运行、流转，因此需要保证新闻客户端在各种设备上都能正常运行和显示。此外，新闻客户端的开发还需要注意以下四点：一是保证数据的安全性和保密性，防止用户隐私泄露和数据被盗用等问题；二是提供良好的用户体验，包括界面简洁明了、操作便捷等方面；三是提供完整的新闻阅读功能，包括新闻浏览、搜索、分享、评论等功能；四是保证应用程序的运行速度和响应速度，针对不同设备的性能差异，需要进行性能优化。

HarmonyOS应用程序开发框架提供了自带的前端架构和组件库，开发者可以使用这些框架和组件快速构建前端页面。另外，开发者也可以使用其他前端架构，比如React Native等，但需要进行适当的适配和优化。

开发者可以选择HarmonyOS应用程序开发框架自带的数据库（如Harmony DB）进行数据存储，也可以选择其他数据库，如MySQL、MongoDB等，但需要注意数据的安全性和保密性。

服务器端技术可以选择Java、Python等语言进行开发，同时开发者需要保证服务器的稳定性和安全性。

开发者需要对新闻客户端的各项功能进行接口设计，包括新闻列表接口、新闻详情接口、搜索接口、评论接口等，并且需要考虑接口的可扩展性和兼容性。

在使用HarmonyOS应用程序开发框架提供的网络请求框架进行数据交互时，开发者需要注意数据的加密和安全性。为了提高新闻客户端的响应速度和用户体验，开发者可以利用HarmonyOS应用程序开发框架提供的缓存框架对数据进行缓存。在保证新闻客户端的性能和稳定性的基础上，开发者需要对代码进行优化，包括减少耗时操作、优化内存占用等方面。另外，也有一些使用Git等版本控制的工具可以对代码进行管理，便于团队协作和代码维护。

下面是基于HarmonyOS的新闻客户端项目的开发示例：

（1）项目需求分析和设计。

明确项目的需求，包括功能模块、用户界面设计、数据交互和存储等方面。根据需求设计项目结构、页面布局、接口定义等，可以使用UML等工具进行可视化建模和设计。

（2）环境配置和开发工具选择。

配置开发环境，包括安装HarmonyOS集成开发环境、Java开发环境、HarmonyOS SDK、HarmonyOS框架等，可以根据个人习惯和项目需要选择开发工具，如

HarmonyOS集成开发环境、Visual Studio Code等。

（3）页面布局和组件开发。

根据设计稿和功能需求，我们可以使用HarmonyOS应用程序开发框架自带的组件库或者其他开源组件库进行页面布局和组件开发。例如，下面是一个简单的页面布局代码示例：

```
<DirectionalLayout
    orientation="vertical"
    width="match_parent"
    height="match_parent"
    padding="16">
    <Text
        text="新闻客户端"
        textAlignment="center"
        textSize="50"
        margin="20" />
    <ListContainer
        listHeight="match_parent"
        listWidth="match_parent">
        <List
            itemCount="{{newsList.length}}"
            itemClicked="onNewsItemClicked">
            <ListItem
                component="{{NewsItem}}"
                news="{{newsList[index]}}" />
        </List>
    </ListContainer>
</DirectionalLayout>
```

（4）数据交互和存储。

使用HarmonyOS应用程序开发框架提供的网络请求框架进行数据交互，同时可以使用Harmony DB等数据库进行数据存储。例如，下面是一个简单的网络请求代码示例：

```
import fetch from '@system.fetch';
export function getNewsList(callback) {
    fetch.fetch({
        url: 'https://api.example.com/news',
        method: 'GET',
        success: (response) => {
            callback(response.data);
        },
        fail: (error, code) => {
            console.error('fetch news list error: ${code} - ${error}');
            callback([]);
        }
    });
}
```

（5）功能开发和测试。

根据需求逐步开发各个功能模块，包括新闻列表、新闻详情、搜索、评论等，使用HarmonyOS集成开发环境提供的模拟器或者真实设备进行功能测试和调试，保证项目的稳定性和用户体验。

（6）代码优化和版本管理。

对代码进行优化，包括减少耗时操作、优化内存占用等方面，保证项目的性能和稳定性，同时使用Git等版本管理工具对代码进行管理，便于团队协作和代码维护。

以上只是一个简单的示例，具体的开发过程会涉及更多细节，也会更加复杂。开发者需要结合实际项目需求和开发团队的技术水平来进行逐步迭代和优化。

8.2.4　项目总结

在项目开始之前，开发者需要对需求进行充分的分析和讨论，明确开发目标和步骤，制订详细的计划和时间表。HarmonyOS相对于其他操作系统有一定的差异性，需要在开发之前对HarmonyOS进行充分的学习和了解，以便更好地了解其特点和应用其功能。在开发过程中，开发者要注重代码规范和文档编写，便于团队成员之间的协作和后期维护。在测试阶段，开发者要对开发的应用程序进行充分的测试和优化，确保客户端的稳定性和性能。在上线之后，开发者需要及时收集用户的反馈信息，针对问题进行优化和改进。

基于HarmonyOS的新闻客户端项目目前虽然仍存在着一些问题，如HarmonyOS可能在应用程序和服务的可用性方面不如其他成熟的操作系统，这可能会导致在构建新闻客户端时缺少某些关键功能或应用程序，但通过项目实践，开发者可以得到很好的经验，有助于提高团队成员的技术水平和开发能力，同时也可以为后续项目实践提供有益的借鉴和参考。

8.3　智能家居控制应用程序项目

8.3.1　项目设计的功能实现

智能家居控制应用程序项目是基于HarmonyOS开发的，旨在提高用户的生活品质和便利性。通过该应用程序，用户可以方便地控制家庭中的各种智能设备，如灯光、空调、音响、窗帘等。该应用程序具有可靠性、稳定性和易用性等优点，并支持多种语言和适配多种设备类型。用户可以通过该应用程序实现控制智能设备的开关、调节亮度、调节音量、设置定时等操作。用户也可以设置设备的自动化操作，如在特定时间打开灯光、关闭窗帘等。此外，用户还可以将多个设备的操作组合成一个场景，在这些场景中，用户可以实现一键启动多个设备的操作。该应用程序还具有安全设置、远程控制、数据备份等功能，用户可以通过互联网远程控制家庭中的智能设备，实现家庭智能化的全面控制。该项目的功能需求如下：

（1）用户登录。

应用程序启动后，用户需要进行登录操作，用户可以使用微信、QQ、手机号等多种方式进行登录。

（2）设备列表。

登录成功后，用户可以查看已经添加到该应用程序中的智能设备列表。该列表显示了设备名称、设备类型、设备状态等信息。

（3）添加设备。

用户可以通过扫描设备二维码、手动添加设备等方式将新设备添加到应用程序中。

（4）设备控制。

用户可以通过该应用程序实现控制智能设备的开关、调节亮度、调节音量、设置定时等操作。用户也可以设置设备的自动化操作，如在特定时间打开灯光、关闭窗帘等。

（5）场景设置。

用户可以将多个设备的操作组合成一个场景，例如"观影模式""睡眠模式"等。在这些场景中，用户可以实现一键启动多个设备的操作。

（6）安全设置。

用户可以设置密码、指纹、人脸识别等多种方式保护应用程序的安全性。

（7）远程控制。

用户可以通过互联网远程控制家庭中的智能设备，这要求智能设备和手机应用程序都连接到互联网。

（8）数据备份。

应用程序可以将用户数据备份到云端，以便用户在更换手机或重装应用程序后能够快速恢复数据。

（9）多语言支持。

应用程序支持多种语言，如中文、英文、法语、德语、西班牙语等。

（10）可扩展性。

应用程序具有良好的可扩展性，可以添加更多的智能设备类型和场景，以满足不同用户的需求。

8.3.2 设计系统的整体架构

智能家居控制应用程序项目的整体架构分为客户端和服务端两部分，客户端是用户使用的手机应用程序，服务端则是智能设备所连接的服务器。客户端和服务端之间通过HarmonyOS提供的网络通信接口进行数据传输和通信。

8.3.2.1 客户端

客户端应用程序采用MVVM架构，主要包含Model层、View层和ViewModel层。其中，Model层是应用程序的数据层，主要负责与服务器进行通信，获取设备数据、场景数据等信息。View层是用户界面部分，主要负责数据展示、用户操作响应等工作。ViewModel层是View层和Model层之间的中间层，主要负责数据处理、逻辑控制等工作。

8.3.2.2 服务端

服务端主要由两部分组成，分别是智能设备和服务器。智能设备是应用程序控制的对象，智能设备需要连接到服务器上才能与客户端进行通信。服务器是应用程序的数据中心，主要负责存储和处理设备数据、场景数据、用户数据等信息。当用户通过客户端对智能设备进行控制时，客户端向服务器发送控制命令，服务器将命令转发给智能设备，智能设备执行命令并将执行结果返回给服务器，服务器再将结果返回给客户端。

例如，用户通过智能家居应用程序打开门锁控制界面，可查看智能门锁当前的状态。当用户点击解锁按钮后，触发客户端的解锁操作，客户端生成解锁指令并发送给服务器，服务器验证用户身份后，将指令传递给智能门锁设备，门锁执行解锁操作，服务器更新门锁状态为"已解锁"，同时通知客户端进行界面刷新，用户界面显示门锁已解锁的状态，并提供相应反馈；当用户点击锁定按钮后，触发客户端的锁定操作，客户端生成锁定指令并发送给服务器，服务器验证用户身份后将指令传递给智能门锁设备，门锁执行锁定操作，服务器更新门锁状态为"已锁定"，同时通知客户端进行界面刷新，用户界面显示门锁已锁定的状态，并提供相应反馈。此时，完成整个智能门锁的远程控制过程。

8.3.3 开发过程和技术细节

8.3.3.1 开发过程

（1）需求分析。

确定项目的功能需求和技术要求，明确项目的目标和方向。

（2）系统设计。

根据项目的需求，设计系统的整体架构和各个模块的功能，确定技术实现的方案。

（3）编码开发。

根据系统设计，使用HarmonyOS提供的开发工具和开发语言，分别编写客户端和服务端的代码。

（4）调试测试。

在开发完成后，分别对客户端和服务端进行调试和测试，确保系统的稳定性和可靠性。

（5）发布上线。

当系统经过测试后，发布应用程序并上线运营。

8.3.3.2 技术细节

（1）应用程序开发框架。

使用HarmonyOS提供的应用程序开发框架，包括UI框架、数据存储框架、网络框架等，方便开发人员开发和测试应用程序。

（2）网络通信接口。

使用HarmonyOS提供的网络通信接口，实现客户端和服务端之间的数据传输和通信，包括HTTP协议、Socket协议等。

（3）安全认证。

使用HarmonyOS提供的安全认证技术，保证数据的安全传输和存储。

（4）智能设备连接和控制技术。

根据不同设备的协议，实现智能设备的连接和控制，如通过Wi-Fi或蓝牙连接智能灯光设备，并发送控制命令控制灯光的开关状态、亮度等。

例如，当用户在客户端中选择要控制的灯光设备时，客户端将向服务器发送连接请求，服务器通过HarmonyOS提供的网络通信接口将请求转发给智能灯光设备。设备接收到连接请求后，将通过Wi-Fi或蓝牙与服务器建立连接。当用户通过客户端控制灯光的开关状态时，客户端将控制命令发送到服务器，服务器将命令转发给智能灯光设备，设备执行命令并将执行结果返回给服务器，服务器再将结果返回给客户端，客户端在界面上展示灯光的开关状态。整个过程通过HarmonyOS提供的应用程序开发框架和网络通信接口实现。

因为编写代码需要详细的功能需求和设计文档，并且需要根据具体的技术实现方案来编写代码。这需要开发人员具备一定的技术能力和开发经验。下面是一个基于HarmonyOS的智能家居控制应用程序项目中的一些代码示例：

①配置文件示例。

```
# 应用程序名称
app_name=智能家居控制
# 应用程序版本
app_version=1.0
# 应用描述
app_description=该应用可以实现智能家居设备的远程控制
# 应用图标
app_icon=icon.png
```

\# 应用权限

app_permission=INTERNET,BLUETOOTH,WIFI

②设备连接和控制示例。

```
// 连接智能设备
public void connectDevice(Device device) {
    if (device.getType() == DeviceType.LIGHT) {
        LightDevice lightDevice = (LightDevice) device;
        if (lightDevice.getConnectionType() == ConnectionType.WIFI) {
// 通过Wi-Fi连接灯光设备
            wifiConnect(lightDevice.getWifiSSID(), lightDevice.
getWifiPassword());
        } else if (lightDevice.getConnectionType() == ConnectionType.
BLUETOOTH) {
            // 通过蓝牙连接灯光设备
            bluetoothConnect(lightDevice.getBluetoothDevice());
        }
    } else if (device.getType() == DeviceType.AIR_CONDITIONER) {
        // 连接空调设备
        AirConditionerDevice airConditionerDevice = (AirConditionerDevice)
device;
        // ...
    }
}
// 控制灯光设备
public void controlLightDevice(LightDevice device, boolean switchOn, int
brightness) {
    if (device.getConnectionType() == ConnectionType.WIFI) {
        // 通过Wi-Fi发送灯光控制命令
```

```
            wifiSendCommand(device.getIpAddress(), switchOn, brightness);
        } else if (device.getConnectionType() == ConnectionType.BLUETOOTH) {
            // 通过蓝牙发送灯光控制命令
            bluetoothSendCommand(device.getBluetoothDevice(), switchOn, brightness);
        }
    }
    // 控制空调设备
    public void controlAirConditionerDevice(AirConditionerDevice device, int temperature, int mode) {
        // 发送空调控制命令
        // ...
    }
```

③数据存储示例。

```
// 存储设备列表
public void saveDeviceList(List<Device> deviceList) {
    Preferences preferences = getPreferences("device_list");
    preferences.putString("device_list", gson.toJson(deviceList));
}
// 加载设备列表
public List<Device> loadDeviceList() {
    Preferences preferences = getPreferences("device_list");
    String json = preferences.getString("device_list", "");
    Type type = new TypeToken<List<Device>>() {}.getType();
    return gson.fromJson(json, type);
}
```

④UI布局示例。

```
<DirectionalLayout
```

```
ohos:id="main_layout"
ohos:height="match_content"
ohos:width="match_parent"
ohos:orientation="vertical">
<Text
    ohos:id="title_text"
    ohos:text="智能家居控制"
    ohos:width="match_parent"
    ohos:height="50vp"
    ohos:text_alignment="center"
    ohos:text_size="30fp"/>
<DirectionalLayout
    ohos:height="wrap_content"
    ohos:width="match_parent"
    ohos:orientation="horizontal"
    ohos:padding="20vp">
    <Image
        ohos:id="device_image"
        ohos:height="50vp"
        ohos:width="50vp"
        ohos:src="$media:device.png"/>
    <Text
        ohos:id="device_name"
        ohos:text="设备名称"
        ohos:height="50vp"
        ohos:width="match_content"
        ohos:text_size="20fp"/>
    <Switch
```

```
                ohos:id="device_switch"

                ohos:height="50vp"

                ohos:width="match_content"/>

        </DirectionalLayout>
        <Slider

            ohos:id="brightness_slider"

            ohos:height="wrap_content"

            ohos:width="match_parent"

            ohos:min_value="0"

            ohos:max_value="100"

            ohos:progress_value="50"/>
        <Button

            ohos:id="control_button"

            ohos:height="50vp"

            ohos:width="match_parent"

            ohos:text="控制"/>

</DirectionalLayout>
```

⑤异步任务示例。

```
// 异步任务，连接Wi-Fi

private class ConnectWiFiTask extends AsyncTask<String, Void, Boolean> {

    @Override

    protected Boolean doInBackground(String... params) {

        String ssid = params[0];

        String password = params[1];

        // 连接Wi-Fi

        // ...

        return true;

    }
```

```
@Override
protected void onPostExecute(Boolean result) {
    if (result) {
        showToast("WiFi连接成功！");
    } else {
        showToast("WiFi连接失败，请检查密码是否正确。");
    }
}
```

⑥数据库操作示例。

```
// 创建设备表
String CREATE_DEVICE_TABLE = "CREATE TABLE device (id INTEGER PRIMARY KEY, name TEXT, type INTEGER, connection_type INTEGER)";
// 插入设备记录
String INSERT_DEVICE_RECORD = "INSERT INTO device (name, type, connection_type) VALUES (?, ?, ?)";
// 查询设备列表
String SELECT_DEVICE_LIST = "SELECT * FROM device";
// 更新设备记录
String UPDATE_DEVICE_RECORD = "UPDATE device SET name = ?, type = ?, connection_type = ? WHERE id = ?";
// 删除设备记录
String DELETE_DEVICE_RECORD = "DELETE FROM device WHERE id = ?";
// 执行SQL语句
dbHelper = new MyDatabaseHelper(this);
SQLiteDatabase db = dbHelper.getWritableDatabase();
db.execSQL(CREATE_DEVICE_TABLE);
db.execSQL(INSERT_DEVICE_RECORD, new Object[] {"灯光", DeviceType.
```

LIGHT, ConnectionType.WIFI});

  Cursor cursor = db.rawQuery(SELECT_DEVICE_LIST, null);

  while (cursor.moveToNext()) {

   int id = cursor.getInt(cursor.getColumnIndex("id"));

   String name = cursor.getString(cursor.getColumnIndex("name"));

   int type = cursor.getInt(cursor.getColumnIndex("type"));

  Int connectionType = cursor.getInt(cursor.getColumnIndex("connection_type"));

   Device device = new Device(id, name, type, connectionType);

   deviceList.add(device);

  }

  db.execSQL(UPDATE_DEVICE_RECORD, new Object[] {"灯光", DeviceType.LIGHT, ConnectionType.WIFI, 1});

  db.execSQL(DELETE_DEVICE_RECORD, new Object[] {1});

  具体实现还是需要根据项目需求和具体情况进行适当的调整和修改。

  总的来说，基于HarmonyOS的智能家居控制应用程序项目是非常有挑战性和实用性的，需要开发人员具备扎实的HarmonyOS开发技能和渊博的智能家居领域知识。在完成这个项目的过程中，该项目能让开发者学习到很多关于HarmonyOS开发和智能家居应用程序开发的知识和技能。

  总而言之，智能家居控制应用程序项目的开发过程主要包括以下四个方面：一是在项目开始之前，开发者需要对智能家居控制应用程序的需求进行深入分析，并设计出合理的架构和系统；二是在进行开发之前，开发者需要选择适合的开发技术和工具，包括HarmonyOS开发框架、网络通信库、数据库和UI框架等；三是在开发过程中，开发者需要根据设计要求，实现智能家居控制应用程序的各个模块，包括用户登录、设备管理、设备控制等；四是在完成系统开发之后，开发者需要进行系统测试和性能优化，以确保系统稳定可靠、用户体验良好。在完成这个项目的过程中，开发者可以深入了解智能家居控制应用程序的背景和应用场景，对智能家居领域有更深入的了解和认识。

8.4 个人健康管理应用程序项目

个人健康管理应用程序项目是一款基于HarmonyOS的个人健康管理应用程序。该应用程序旨在帮助用户记录自己的健康数据，分析健康状况，以及提供相应的健康建议和咨询服务。该应用程序提供多种功能，包括用户登录和注册、个人资料设置、健康数据录入、健康数据同步、健康报告生成、健康提醒、健康咨询、社交分享、数据分析等。用户可以通过手机或其他智能设备，记录自己的健康数据，如血压、血糖、心率等指标，并通过应用程序进行分析和管理。该应用程序还可以自动生成健康报告，提供相应的建议和注意事项，帮助用户更好地了解自己的健康状况。此外，用户还可以通过该应用程序的健康提醒和健康咨询功能，获取相应的健康建议和服务。该应用程序还提供社交分享功能，让用户可以将自己的健康数据和健康报告分享到社交网络上，与朋友分享健康生活的点滴。

8.4.1 项目具体介绍

8.4.1.1 功能需求

（1）用户登录和注册。

用户注册和登录功能，用户可以使用手机号或邮箱注册，并且可以通过验证码进行验证。

（2）个人资料。

用户可以设置个人资料，包括头像、昵称、生日、性别、身高、体重等信息。

（3）健康数据。

用户可以手动录入身体各项指标数据，如血压、血糖、心率等，并可以选择是否开启健康指标异常提醒功能。

（4）健康数据。

用户可以将健康数据与智能手表、智能血压计等设备同步，应用程序自动获取相应的数据，并可以让用户查看历史数据记录。

（5）健康报告。

应用程序可以根据用户的健康数据生成健康报告，如血糖变化趋势、血压变化趋势等，并给用户提供相应的建议和注意事项。

（6）健康提醒。

应用程序可以根据用户设置的提醒时间按时提醒用户进行体检、测量健康数据等，还可以根据用户的健康数据提醒用户采取相应的健康行为。

（7）健康咨询。

用户可以通过应用程序获取专业的健康咨询服务，包括在线医生咨询、健康食谱推荐、健康运动建议等。

（8）社交分享。

用户可以将自己的健康数据和健康报告分享到社交网络上，与朋友分享健康生活的点滴。

（9）数据分析。

应用程序可以对用户的健康数据进行分析，根据不同的健康项目提供相应的数据分析报告，如体重变化原因分析、运动量分析等。

8.4.1.2　整体架构

（1）用户模块。

用户模块负责处理用户的注册、登录、个人资料设置等功能，管理用户的基本信息。

（2）数据模块。

数据模块负责管理用户的健康数据，包括手动录入的数据和从智能设备获取的数据。

（3）分析模块。

分析模块负责对用户的健康数据进行分析，生成相应的健康报告和建议，并提供相应的健康咨询服务。

（4）提醒模块。

提醒模块负责根据用户设置的提醒时间，按时提醒用户进行体检、测量健康数据等，还可以根据用户的健康数据提醒用户采取相应的健康行为。

（5）社交模块。

社交模块负责实现社交分享功能，让用户可以将自己的健康数据和健康报告分享到社交网络上，与朋友分享健康生活的点滴。

（6）接口模块。

接口模块负责处理应用程序与智能设备、健康咨询服务等外部接口的交互，实现健康数据的同步和咨询服务的调用。

（7）应用程序界面模块。

应用程序界面模块负责设计应用程序的用户界面，提供用户的操作界面，展示健康数据、健康报告和健康建议等信息。

在这些模块之间，HarmonyOS通过一些中间件进行数据的传递和交互，实现系统的整体功能。这样的模块划分和设计，可以提高系统的可扩展性和可维护性，便于后续功能的扩展和升级。

8.4.2　开发过程和技术细节

8.4.2.1　开发过程

（1）需求分析和规划。

进行项目的需求分析和规划，确定应用程序的功能、界面设计和技术选型等。

（2）技术选型和架构设计。

根据需求分析，选择HarmonyOS应用程序开发框架作为应用程序开发的基础框架，设计系统整体架构，确定各个模块之间的交互方式和数据传递方式。

（3）编码和调试。

根据需求分析和架构设计，开始进行应用程序的编码和调试，使用HarmonyOS应用程序开发框架提供的开发工具进行开发，采用Java语言和XML文件编写应用程序的前端和后端代码。

（4）测试和优化。

进行系统的测试和优化，测试应用程序的各项功能和界面，修复各种问题，优化系统性能和用户体验。

（5）发布和维护。

进行应用程序的发布和维护，将应用程序发布到应用市场和其他渠道，及时对应用程序进行更新和升级，提高应用程序的质量和用户体验。

8.4.2.2　技术细节

（1）开发框架。

采用HarmonyOS应用程序开发框架作为应用程序的基础框架，相比于其他操作系统的开发框架，HarmonyOS应用程序开发框架具有分布式能力、统一的开发工具、高效的系统性能和安全可靠性等优点。

（2）UI设计。

采用Material Design风格，结合HarmonyOS应用程序开发框架自带的UI组件进行界面设计，提供简洁美观、易用性好的用户体验。

（3）数据存储。

采用SQLite数据库进行数据存储，实现数据的持久化。

（4）数据传输。

采用HTTP协议进行数据传输，使用HTTPS协议进行数据的加密和安全传输。

（5）数据可视化。

采用ECharts或其他数据可视化工具，对用户的健康数据进行可视化展示，方便用户进行数据的分析和管理。

（6）第三方接口。

接入第三方的健康数据采集设备和健康咨询服务，实现与外部系统的数据同步和服务调用。

8.4.3 代码示例

下面是一个简单的基于HarmonyOS的"个人健康管理应用程序项目"的代码示例:

```
import ohos.aafwk.ability.Ability;

import ohos.aafwk.ability.AbilitySlice;

import ohos.aafwk.ability.AbilitySliceManager;

import ohos.aafwk.content.Intent;

import ohos.aafwk.content.Operation;

import ohos.agp.components.*;

import ohos.data.DatabaseHelper;

import ohos.data.preferences.Preferences;

public class HealthManageAbilitySlice extends AbilitySlice {

    private Preferences preferences;

    @Override

    public void onStart(Intent intent) {

        super.onStart(intent);

        setUIContent(createComponent());

    }

    private Component createComponent() {

        // 创建根布局

        DirectionalLayout layout = new DirectionalLayout(this);

        layout.setAlignment(Component.ALIGN_CENTER);

        // 创建登录界面

        Component loginComponent = createLoginComponent();

        // 创建注册界面

        Component registerComponent = createRegisterComponent();

        // 创建健康数据录入界面
```

```
Component inputDataComponent = createInputDataComponent();
// 创建健康数据展示界面
Component showDataComponent = createShowDataComponent();
// 添加子布局
layout.addComponent(loginComponent);
layout.addComponent(registerComponent);
layout.addComponent(inputDataComponent);
layout.addComponent(showDataComponent);
// 默认显示登录界面
loginComponent.setVisibility(Component.VISIBLE);
registerComponent.setVisibility(Component.HIDE);
inputDataComponent.setVisibility(Component.HIDE);
showDataComponent.setVisibility(Component.HIDE);
return layout;
}
/**
* 创建登录界面
*/
private Component createLoginComponent() {
    // 创建布局
    DirectionalLayout layout = new DirectionalLayout(this);
    layout.setAlignment(Component.ALIGN_CENTER);
    // 创建输入框和按钮
    TextField usernameField = new TextField(this);
    usernameField.setHintText("请输入用户名");
    TextField passwordField = new TextField(this);
    passwordField.setHintText("请输入密码");
    passwordField.setInputType(InputType.PASSWORD);
```

```
        Button loginButton = new Button(this);
        loginButton.setText("登录");
        // 添加点击事件
        loginButton.setClickedListener(new Component.ClickedListener() {
            @Override
            public void onClick(Component component) {
                // TODO;实现登录逻辑
                preferences.putString("username", usernameField.getText());
                preferences.putString("password", passwordField.getText());
                // 显示健康数据展示界面
                showDataComponent.setVisibility(Component.VISIBLE);
                // 隐藏其他界面
                loginComponent.setVisibility(Component.HIDE);
                registerComponent.setVisibility(Component.HIDE);
                inputDataComponent.setVisibility(Component.HIDE);
            }
        });
        // 添加到布局中
        layout.addComponent(usernameField);
        layout.addComponent(passwordField);
        layout.addComponent(loginButton);
        return layout;
    }
    /**
     * 创建注册界面
     */
    private Component createRegisterComponent() {
        // 创建布局
```

```
DirectionalLayout layout = new DirectionalLayout(this);

layout.setAlignment(Component.ALIGN_CENTER);

    // 创建输入框和按钮

TextField usernameField = new TextField(this);

usernameField.setHintText("请输入用户名");

TextField passwordField = new TextField(this);

passwordField.setHintText("请输入密码");

passwordField.setInputType(InputType.PASSWORD);

 Button registerButton = new Button(this);

registerButton.setText("注册");

// 添加点击事件

registerButton.setClickedListener(new Component.ClickedListener() {

    @Override

    public void onClick(Component component) {

        // TODO：实现注册逻辑

        preferences.putString("username", usernameField.getText());

        preferences.putString("password", passwordField.getText());

        // 显示健康数据录入界面

        inputDataComponent.setVisibility(Component.VISIBLE);

        // 隐藏其他界面

        loginComponent.setVisibility(Component.HIDE);

        registerComponent.setVisibility(Component.HIDE);

        showDataComponent.setVisibility(Component.HIDE);

    }

});

// 添加到布局中

layout.addComponent(usernameField);

layout.addComponent(passwordField);
```

```
        layout.addComponent(registerButton);

        return layout;

    }
    /**
     * 创建健康数据录入界面
     */
    private Component createInputDataComponent() {
        // 创建布局
        DirectionalLayout layout = new DirectionalLayout(this);
        layout.setAlignment(Component.ALIGN_CENTER);
        // 创建输入框和按钮
        TextField heightField = new TextField(this);
        heightField.setHintText("请输入身高（cm）");
        TextField weightField = new TextField(this);
        weightField.setHintText("请输入体重（kg）");
        TextField bloodPressureField = new TextField(this);
        bloodPressureField.setHintText("请输入血压（mmHg）");
        TextField bloodSugarField = new TextField(this);
        bloodSugarField.setHintText("请输入血糖（mmol/L）");
        Button inputDataButton = new Button(this);
        inputDataButton.setText("提交");
        // 添加点击事件
        inputDataButton.setClickedListener(new Component.ClickedListener() {
            @Override
            public void onClick(Component component) {
                // TODO：保存健康数据
                preferences.putString("height", heightField.getText());
                preferences.putString("weight", weightField.getText());
```

```
        preferences.putString("bloodPressure", bloodPressureField.getText());

        preferences.putString("bloodSugar", bloodSugarField.getText());

        // 显示健康数据展示界面

        showDataComponent.setVisibility(Component.VISIBLE);

        // 隐藏其他界面

        loginComponent.setVisibility(Component.HIDE);

        registerComponent.setVisibility(Component.HIDE);

        inputDataComponent.setVisibility(Component.HIDE);

        }

    });

    // 添加到布局中

    layout.addComponent(heightField);

    layout.addComponent(weightField);

    layout.addComponent(bloodPressureField);

    layout.addComponent(bloodSugarField);

    layout.addComponent(inputDataButton);

    return layout;

}
/**

* 创建健康数据展示界面

*/

private Component createShowDataComponent() {

    // 创建布局

    DirectionalLayout layout = new DirectionalLayout(this);

    layout.setAlignment(Component.ALIGN_CENTER);

    // 创建图表组件

    LineChart chart = new LineChart(this);

    chart.setPointRadius(10);
```

```
        // 添加健康数据
        String[] xValues = {"1月", "2月", "3月", "4月", "5月", "6月"};
        float[] yValues = {
        Float height = Float.valueOf(preferences.getString("height", "0"));
        Float weight = Float.valueOf(preferences.getString("weight", "0"));
Float bloodPressure = Float.valueOf(preferences.getString("bloodPressure", "0"));
Float bloodSugar = Float.valueOf(preferences.getString("bloodSugar", "0"));
        chart.setXValues(xValues);
        chart.setYValues(yValues);
        chart.setDescription("健康数据");
        chart.setxUnit("月份");
        chart.setyUnit("数值");
        chart.setyDecimalPlaces(1);
        // 添加到布局中
        layout.addComponent(chart);
        return layout;
    }
    /**
     * 创建登录界面
     */
    private Component createLoginComponent() {
        // 创建布局
        DirectionalLayout layout = new DirectionalLayout(this);
        layout.setAlignment(Component.ALIGN_CENTER);
        // 创建输入框和按钮
        TextField usernameField = new TextField(this);
        usernameField.setHintText("请输入用户名");
        TextField passwordField = new TextField(this);
```

```java
passwordField.setHintText("请输入密码");

passwordField.setInputType(InputType.PASSWORD);

 Button loginButton = new Button(this);

loginButton.setText("登录");

// 添加点击事件

loginButton.setClickedListener(new Component.ClickedListener() {

    @Override

    public void onClick(Component component) {

        // TODO：实现登录逻辑

        String username = preferences.getString("username", "");

        String password = preferences.getString("password", "");

         if (username.equals(usernameField.getText()) && password.
equals(passwordField.getText())) {

            // 显示健康数据展示界面

            showDataComponent.setVisibility(Component.VISIBLE);

            // 隐藏其他界面

            loginComponent.setVisibility(Component.HIDE);

            registerComponent.setVisibility(Component.HIDE);

            inputDataComponent.setVisibility(Component.HIDE);

        } else {

            // 提示用户输入有误

            new ToastDialog(getContext())

                    .setText("用户名或密码错误")

                    .setDuration(2000)

                    .show();

        }

    }

});
```

```
        // 添加到布局中

        layout.addComponent(usernameField);

        layout.addComponent(passwordField);

        layout.addComponent(loginButton);

        return layout;

    }
    /**

    * 创建主界面

    */
    private Component createMainComponent() {

        // 创建布局

        DirectionalLayout layout = new DirectionalLayout(this);

        layout.setAlignment(Component.ALIGN_CENTER);

        // 创建按钮

         Button loginButton = new Button(this);

        loginButton.setText("登录");

         Button registerButton = new Button(this);

        registerButton.setText("注册");

        // 添加点击事件

        loginButton.setClickedListener(new Component.ClickedListener() {

            @Override

            public void onClick(Component component) {

                // 显示登录界面

                loginComponent.setVisibility(Component.VISIBLE);

                // 隐藏其他界面

                registerComponent.setVisibility(Component.HIDE);

                inputDataComponent.setVisibility(Component.HIDE);
```

```
                    showDataComponent.setVisibility(Component.HIDE);
                }
        });
        registerButton.setClickedListener(new Component.ClickedListener() {
                @Override
                public void onClick(Component component) {
                        // 显示注册界面
                        registerComponent.setVisibility(Component.VISIBLE);
                        // 隐藏其他界面
                        loginComponent.setVisibility(Component.HIDE);
                        inputDataComponent.setVisibility(Component.HIDE);
                        showDataComponent.setVisibility(Component.HIDE);
                }
        });
        // 添加到布局中
        layout.addComponent(loginButton);
        layout.addComponent(registerButton);
        return layout;
}
/**
* 初始化偏好设置
*/
private void initPreferences() {
        preferences = getPreferences(FilePreferences.PRE_PRIVATE);
}
```

该项目是一款基于HarmonyOS的个人健康管理应用程序，旨在为用户提供方便、安全、易于使用的健康管理平台，以帮助用户更好地管理自己的健康状况。

总而言之，个人健康管理应用程序项目的开发过程主要包括以下三个方面：一是在项目设计阶段，详细分析了系统的需求和功能模块，并进行了技术选型和系统架构设计；二是在技术细节方面，注重数据库设计、用户身份验证、数据可视化、数据分析和数据同步等问题；三是在代码实现阶段，采用Java语言实现了基本的登录、注册和健康数据展示等功能组件，并进行了测试和部署。通过本项目的实施，读者可以掌握HarmonyOS开发的基本技能和方法，并且深入了解个人健康管理应用程序的设计和开发。同时，该项目可以让读者意识到在项目开发中需要注重用户体验和数据安全性等问题。

8.5　旅游导览应用程序项目

8.5.1　项目设计的功能实现

基于HarmonyOS的旅游导览应用程序项目，是一款旨在为旅游者提供全面的旅游服务和导览信息的智能化应用程序。该应用程序可以为用户提供景点介绍、路线规划、实时导航、打卡分享等功能，帮助用户更好地了解和探索旅游目的地。该应用程序的主要特点包括：第一，用户可以查看景点名称、位置、历史文化背景、特色介绍、图片、评论等详细信息，以便更好地了解景点；第二，应用程序可以根据用户输入的起点和终点位置以及用户选择的出行方式（支持步行、公共交通、驾车等多种出行方式）提供多种路线规划方案，而且还支持"实时导航""语音播报""路口提示"等功能；第三，应用程序提供"景点打卡""景点收藏"等功能，用户可以在应用程序中查找和管理自己喜欢的景点，并导航到想去的景点拍摄照片，分享到社交平台上与其他用户交流分享旅游经历；第四，应用程序支持离线地图下载和使用，用户可以在没有网络连接的情况下使用"景点导航"和"地图浏览"等功能；第五，应用程序支持多种语言切换，方便来自不同国家和地区的用户使用。

通过这些功能，旅游导览应用程序可以提供全面的旅游服务和导览信息，帮助用户更好地探索旅游目的地，提升旅游体验。同时，应用程序也可以为旅游相关产业提供数据支持，帮助他们更好地了解旅游市场需求。

8.5.2　设计系统的整体架构

（1）应用层。

应用层是整个系统的最上层，包括用户界面、应用程序逻辑和数据存储等部分。用户可以通过操作界面发送请求，应用程序逻辑将请求发送给下层服务，数据存储则负责保存应用程序数据。

（2）服务层。

服务层包括多个服务，主要负责提供各种功能的具体实现。如地图服务、路线规划服务、导航服务、语音播报服务、社交分享服务等。这些服务是独立的，既可以单独部署和运行，也可以相互协作以实现更复杂的功能。

（3）框架层。

框架层是整个系统的中间层，包括应用程序框架、通信框架和数据框架等。应用程序框架提供了应用程序的基础框架和公共组件，通信框架负责不同服务之间的通信和协作，数据框架则提供数据访问和存储功能。

（4）基础设施层。

基础设施层是整个系统的最底层，包括操作系统、网络、存储等基础设施。HarmonyOS提供了强大的底层支持，使得应用程序可以运行在不同的设备上，网络和存储则提供了数据传输和持久化功能。

在这个整体架构中，不同的层次之间通过接口进行通信和协作，使得整个系统可以高效稳定地运行。同时，由于HarmonyOS具有分布式管理的特性，应用程序可以在不同的设备上运行和流转，为用户提供更好的体验。

8.5.3　开发过程和技术细节

8.5.3.1　开发过程

（1）需求分析。

首先需要对项目进行需求分析，确定需要实现哪些功能和特性，如地图服务、路线规划、导航功能、语音播报、社交分享等。

（2）架构设计。

根据需求分析的结果，设计应用程序的整体架构，包括应用层、服务层、框架层和基础设施层等，确定各个层次之间的接口和协议。

（3）开发实现。

根据架构设计的结果，进行具体的开发实现。采用HarmonyOS应用程序开发框架，使用HarmonyOS Studio进行开发，实现各个功能模块和服务。

（4）测试调试。

完成开发实现后，进行测试调试，包括单元测试、集成测试和系统测试等，保证应用程序的正确性和稳定性。

（5）发布上线。

完成测试调试后，可以将应用程序发布上线，在应用市场等平台进行发布和推广。

8.5.3.2　技术细节

（1）开发框架。

HarmonyOS应用程序开发框架提供包括华为HarmonyOS、HarmonyOS Studio和DevEco Studio等，提供应用程序开发需要的基础框架和工具。

（2）地图服务。

提供地图服务、路线规划、导航等功能。

（3）语音识别和播报。

使用HarmonyOS应用程序开发框架提供的语音服务框架，实现语音识别和播报功能。

（4）社交分享。

使用HarmonyOS应用程序开发框架提供的社交服务框架，实现社交分享功能。

（5）数据存储。

使用HarmonyOS应用程序开发框架提供的分布式数据管理服务，实现数据的存储和访问。

总之，基于HarmonyOS的旅游导览应用程序项目需要结合各种技术和工具，进行架构设计和开发实现，最终实现一个程序稳定、功能丰富的旅游导览应用程序项目，提供给用户更优质的旅游服务体验。

8.5.4　代码示例

下面是一个基于HarmonyOS的简单旅游导览应用程序项目代码示例，包括地图展示、搜索、路线规划、导航等功能。

```java
// 在Java代码中引入需要使用的类库
import ohos.agp.components.*;
import ohos.agp.utils.*;
import ohos.app.*;
import ohos.eventhandler.*;
import ohos.hiviewdfx.*;
import ohos.location.*;
import ohos.rpc.*;
import ohos.agp.window.dialog.*;
public class TravelGuide extends Ability {
    private MapView mapView;
    private MapSearch mapSearch;
    private MapRoute mapRoute;
    private MapNavigation mapNavigation;
    // 应用程序启动时执行的入口函数
```

```
@Override
public void onStart(Intent intent) {
    super.onStart(intent);
    // 初始化界面和地图组件
    initComponents();
    // 显示地图
    mapView.show();
}
// 初始化界面和地图组件
private void initComponents() {
    // 创建Map组件，设置地图中心点和缩放级别
    mapView = new MapView(this);
    mapView.setCenterPoint(new MapPoint(31.22, 121.48));
    mapView.setZoomLevel(15);
    // 创建MapSearch组件，设置搜索回调接口
    mapSearch = new MapSearch();
    mapSearch.setSearchListener(new SearchListener() {
        @Override
        public void onSearchResult(MapResult result) {
            // 处理搜索结果
        }
    });
    // 创建MapRoute组件，设置路线规划回调接口
    mapRoute = new MapRoute();
    mapRoute.setRouteListener(new RouteListener() {
        @Override
        public void onRouteResult(MapResult result) {
```

```
                // 处理路线规划结果
            }
        });
        // 创建MapNavigation组件，设置导航回调接口
        mapNavigation = new MapNavigation();
        mapNavigation.setNavigationListener(new NavigationListener() {
            @Override
            public void onNavigationStart() {
                // 导航开始
            }
            @Override
            public void onNavigationEnd() {
                // 导航结束
            }
            @Override
            public void onNavigationError(int errorCode) {
                // 导航出错
            }
        });
    }
    // 在onStop函数中释放地图资源
    @Override
    public void onStop() {
        super.onStop();
        mapView.destroy();
    }
}
```

以上仅是一个简单的代码示例，实际应用开发中需要结合具体需求进行迭代和优化以实现更加复杂的功能。

基于HarmonyOS的"旅游导览应用程序项目"为用户提供了便捷的旅游信息获取和导航服务，也为开发者提供了在HarmonyOS上开发应用程序的实践经验和技术积累。

总而言之，旅游导览应用程序项目的开发过程主要包括以下三个方面：一是在项目的设计和开发过程中，采用了HarmonyOS应用程序开发框架提供的分布式应用程序框架来构建应用程序，并利用HarmonyOS应用程序开发框架提供的多媒体和定位功能、网络通信和本地存储能力等相关技术，以及第三方API和数据源，如百度地图API、景点信息数据等，实现了各项功能和服务。二是在设计系统的整体架构方面，采用了MVC模式，将应用程序的模型、视图和控制器分离，以便更好地实现代码复用和模块化开发。三是还使用了分层设计模式，将应用程序划分为多个子系统和组件，以便更好地管理和维护应用程序。

附　录

HarmonyOS相关工具介绍

在HarmonyOS提供的相关工具中，包括了丰富的软件开发工具和硬件开发工具，这些工具可用于HarmonyOS应用程序的开发、调试和测试。以下是一些常用的HarmonyOS提供的相关工具，包括但不限于：

1. SDK。

SDK是用于HarmonyOS应用程序开发的软件开发工具包，包括了编译器、调试器、模拟器等工具，用于开发HarmonyOS应用程序的源码、资源文件、配置文件等。

2. DevEco Studio。

DevEco Studio是HarmonyOS应用程序的集成开发环境，提供了代码编辑、调试、编译、打包等一站式开发体验，包括了丰富的模板和工具，简化了HarmonyOS应用程序的开发流程。

3. HDK。

HDK是用于HarmonyOS设备能力开发的硬件开发工具包，包括了硬件模拟器、硬件能力接口、硬件驱动等工具，用于开发鸿蒙设备的硬件能力和驱动程序。

4. **应用市场开发者平台。**

华为应用市场开发者平台是用于HarmonyOS应用程序发布和管理的在线平台，包括了应用程序提交、审核、发布、统计等功能，用于将开发完成的HarmonyOS应用程序发布到华为应用市场。

5. **测试工具。**

测试工具包括了丰富的测试工具，用于测试HarmonyOS应用程序在不同设备上的兼容性、性能、安全性等，这些工具包括了性能测试工具、安全测试工具、自动化测试工具等。

6. **开发者社区。**

HarmonyOS开发者社区是HarmonyOS开发者交流和资源分享的社区平台，包括了丰富的技术文档、示例代码、开发者论坛、开发者活动等资源，用于提供技术支持和交流互动。

7. 模拟器。

模拟器是用于在PC端模拟运行HarmonyOS应用程序环境的工具，提供了模拟的运行鸿蒙设备所需的相关环境，用于调试和测试HarmonyOS应用程序的运行情况。

8. 调试工具。

调试工具包括了丰富的HarmonyOS调试工具，如调试器、性能分析工具、日志工具等，可用于在开发和测试过程中进行代码调试、性能分析、错误检测等。

9. 资源管理工具。

资源管理工具用于管理HarmonyOS应用程序中的资源文件（包括图片、音频、视频等），资源的导入、导出、转换等操作，以及资源的管理和优化。

10. 国际化工具。

国际化工具用于将HarmonyOS应用程序进行国际化处理，包括多语言支持、本地化适配等，用于在不同地区和语言环境下HarmonyOS应用程序的发布和使用。

11. 安全工具。

安全工具用于帮助开发者保障HarmonyOS应用程序的安全性，包括应用程序签名工具、权限管理工具、数据加密工具等，用于加强HarmonyOS应用程序的安全性防护。

HarmonyOS开发资源推荐

作为一个全新的操作系统，HarmonyOS提供了丰富的开发资源，以支持开发者进行HarmonyOS应用程序的开发。以下是一些常用的开发资源推荐。

1. **开发者网站**。

开发者网站（https://developer.harmonyos.com）是HarmonyOS官方提供的开发者门户网站，该网站提供了全面的HarmonyOS开发文档、SDK、示例代码、工具等资源，是HarmonyOS开发的主要参考资料。

2. **开发者社区**。

开发者社区（https://www.harmonyos.com/cn/community）是华为HarmonyOS官方提供的开发者社区平台，开发者可以在社区中获取最新的技术资讯、互动交流、参与技术讨论、分享开发经验等。

3. **应用程序开发框架**。

应用程序开发框架是HarmonyOS官方提供的一套用于开发HarmonyOS应用程序的开发框架，包括了UI框架、应用程序生命周期管理、数据管理、网络通信、安全认证等功能，提供了丰富的应用程序接口（API）和组件，以方便开发者进行应用程序的开发。

4. **SDK**。

鸿蒙开发工具包（SDK）包括开发HarmonyOS应用程序所需的工具和库，还包括编译工具、调试工具、模拟器、设备驱动等，用于帮助开发者进行应用程序的构建、测试和调试。

5. **应用程序样例**。

华为HarmonyOS官方提供了丰富的应用样例，涵盖了不同类型的应用程序，如智能家居、健康管理、媒体播放、社交通信等，开发者可以参考这些应用程序样例进行学习和实践。

6. 开发者大会资料。

开发者大会是HarmonyOS官方举办的年度开发者盛会，会议期间会发布关于HarmonyOS的最新技术资讯和资源，包括技术演讲、技术分享、实践案例等。开发者可以通过观看大会的相关资料和录播视频，获取最新的HarmonyOS开发资源。

7. 社区贡献者资源。

社区是HarmonyOS开发者自发组织的社区平台，有许多积极贡献的开发者在社区中分享丰富的HarmonyOS开发资源，包括开发工具、库、组件、插件等。这些资源可以通过社区的开源项目、论坛、博客等渠道获取。

8. 开发文档。

HarmonyOS官方提供了详细的开发文档，包括开发指南、API文档、示例代码、开发教程等，这些文档提供了丰富的技术资讯和开发指导，帮助开发者了解HarmonyOS的开发流程、开发规范、开发技巧等，是开发HarmonyOS应用程序的重要参考资料。

9. 应用市场。

华为应用市场是HarmonyOS官方提供的应用程序分发平台，开发者可以在应用市场中发布和分发HarmonyOS应用程序，获取更多的用户和下载量。应用市场还提供了开发者后台，开发者可以在后台管理应用程序的上线、更新、统计等操作，方便进行应用程序的运营和管理。

10. 开发者支持。

HarmonyOS官方提供了开发者支持服务，包括技术支持、在线咨询、问题反馈等。开发者可以通过官方网站、社区、邮件等方式向HarmonyOS开发团队反馈问题和获取技术支持，帮助解决在开发过程中遇到的问题。

HarmonyOS作为一款新兴的分布式操作系统，其系统生态还在不断发展壮大，未来还会推出更多的开发资源和工具，为开发者提供更好的支持。

参考答案

第一章

选择题：1—5　BDDAB　　　　　6—10　DCBAB

第三章

选择题：1—5　ABDBA　　　　　6—10　BCCAD

第四章

选择题：1—5　A（ABCD）CCA　6—7　AA

第五章

选择题：1—5　ABAAA　　　　　6—10　BDACA

第六章

选择题：1—5　BBDAA　　　　　6—10　DBCCA

第七章

选择题：1—5　DDDCA　　　　　6—10　DDCCC

　　　　11—15　BCAAC　　　　16—20　DCDCD

　　　　21—25　CBCBD　　　　26—30　DCCDA

　　　　31—35　DCDBA　　　　36—40　ACDDD

　　　　41—45　DAACA　　　　46—50　ADCDB

　　　　51—55　AAABA　　　　56—59　AAAB